劳动预备制教材
职业培训教材

职业道德

（第三版）

人力资源和社会保障部教材办公室组织编写

主　编：张东风
副主编：康姝丽　江　淑

中国劳动社会保障出版社

图书在版编目(CIP)数据

职业道德/张东风主编. —3 版. —北京：中国劳动社会保障出版社，2017
劳动预备制教材 职业培训教材
ISBN 978-7-5167-2934-2

Ⅰ.①职… Ⅱ.①张… Ⅲ.①职业道德-技术培训-教材 Ⅳ.①B822.9

中国版本图书馆 CIP 数据核字(2017)第 049211 号

中国劳动社会保障出版社出版发行
（北京市惠新东街 1 号 邮政编码：100029）

*

北京谊兴印刷有限公司印刷装订 新华书店经销
787 毫米×960 毫米 16 开本 7.5 印张 135 千字
2017 年 3 月第 3 版 2021 年 8 月第 7 次印刷
定价：15.00 元

读者服务部电话：（010）64929211/84209101/64921644
营销中心电话：（010）64962347
出版社网址：http://www.class.com.cn

第三版说明

全国劳动预备制培训教材公共课（试用）自 1997 年问世以来，最初在劳动预备制试点城市试用，后来推向全国，在使用过程中受到用书单位的好评，为推动劳动预备制培训和职业技能培训工作发挥了积极的作用。

二十多年来，劳动预备制度有了很大发展。2007 年 8 月全国人大常委会审议通过的《就业促进法》，明确规定国家采取措施建立劳动预备制度，以法律形式将劳动预备制度确定下来。随着劳动预备制培训工作的逐步推进，作为教育培训重要基础的教材建设也有了长足的进步。目前，全国劳动预备制教材已形成包括 10 门公共课程、近百种专业技能课程的较为完整体系。为了进一步完善教材内容，我们从 2010 年起对 10 本公共课教材进行再次修订。

《职业道德》第三版，是为适应劳动预备制培训要求所作的再次修订。主要做了如下工作：一是以为人民服务为核心，以集体主义为原则，以爱岗敬业、诚实守信、办事公道、服务群众、奉献社会为主要内容对全书进行了整合，重新编写了部分内容，使学员掌握道德和职业道德的基本理论，了解职业道德和相关行业岗位的基本规范，掌握如何提高从业人员职业道德素质的途径和对策，培育和践行社会主义核心价值观。二是重点结合各章最新内容，更新了相关的案例说明，强调职业活动中遵守职业道德的重要性和必要性，帮助从业者不断加强职业道德修养，弘扬“工匠精神”，以良好的职业道德品质和基本职业素养，适应岗位需求和职业发展。三是根据培训对象的认知特点和接受能力，删减了原版中偏深、偏繁的内容，并对文字进行了全面的再加工。

本书由张东风主编，康姝丽、江淑担任副主编。

人力资源和社会保障部教材办公室

目录

第一章　职业与职业道德

图 1—1　全国劳动模范郭明义

职业道德是社会道德的重要组成部分，是指从事不同职业的人在自己的职业活动中所应遵循的行为准则，是对从业人员在履行职业责任过程中的特殊道德要求。在社会主义核心价值观的引领下，全面加强职业道德建设，有助于激发劳动者工作热情，为广大劳动者投身岗位工作提供新的动力支持。

第一节　职业道德概述

劳动是人们社会生活中不可缺少的活动，对于劳动者而言，需要通过劳动获得报酬，以满足个人和家庭的需要。在社会生活中，就业是劳动者谋生的重要手段。通过就业，劳动者不仅有了谋生的手段，而且可以通过努力工作，拥有一定的物质财富，满足精神生活的需要，获取事业上的成功，实现自己的人生价值，从而促进人的全面发展。同时，就业使得劳动力与生产资料相结合，生产出社会所需要的物质财富和精神财富，体现人的社会价值。因此说，就业是民生之本、收入之源、稳定之基。

党的十八大报告提出了“推动实现更高质量的就业”的重要目标。贯彻落实十八大精神，关键要确立以人为本理念，重抓政策推动、创业带动、培训促动、援助拉动和机制联动，推进就业服务体系建设，推动实现高质量就业，进一步加强职业道德教育与培训。职业道德是道德体系中的重要组成部分，是职业人修正职业行为，最大限度地实践个体职业价值，享受职业人生的内在驱动力。作为即将就业和准备就业的人员，想一想，你对就业做好准备了吗？你对期望从事的工作做好准备了吗？

提示

根据国家有关规定，从 1999 年起，在全国城镇普遍推行劳动预备制度，组织新生劳动力和其他求职人员，在就业前接受 1～3 年的职业培训和职业教育，使其取得相应的职业资格或掌握一定的职业技能后，在国家政策指导和帮助下，通过劳动力市场实现就业。

故事品鉴

小王的表哥在外地务工两年有余，在一次回家探亲期间和小王聊起了工作，谈起由于没有技术，收入不是很理想。但是他却告诉小王一个道理：只要你用心，勤奋好学，好好工作，谁都不会亏待你。

点评

小王的表哥用了很朴实的“用心，勤奋好学，好好工作”道出了一个人职业活动的基本要求，这些基本的要求也是职业道德的具体表现。其实，当你从学校走向社会，步入社会这个大舞台时，你的社会角色将发生变化。结束了学业，总得需要寻找一份职业、有个立足之处，靠自己的职业收入来独立生活，进而成家立业、养家糊口，为自己的家庭支撑起一片蓝天。当你真正为自己未来的职业做好准备时，你会发现你所面对的社会到处都充满着阳光和活力；反之，当你还没有为自己的未来做好充分准备而匆忙步入社会时，等待你的恐怕更多的是艰难与曲折、困惑与挫折，甚至是不受欢迎……

小故事折射大道理。我们到底如何去做，将来才能从容地面对社会、面对职业人生呢？

一、职业与道德

（一）职业

1. 什么是职业

在社会经济生活中，像餐厅里的服务人员、工厂里的装配工人、医院里的医护人员、学校里的教职工，他们都是工作在不同岗位上、从事不同职业活动的职业人。付出劳动的同时，他们也得到了相应的报酬，满足了个体物质和精神生活的需要。

因此，职业可理解为是人们所从事的以获得物质报酬作为自己主要生活来源并能满足自己精神需求的、在社会分工中具有专门技能的工作。

> **提示**
>
> 实行劳动预备制度的主要对象是城镇未能继续升学的初、高中毕业生，以及农村未能继续升学并准备从事非农产业工作或进城务工的初、高中毕业生。

职业在社会生活中体现出三方面的要素：

一是职业职责，即每一种职业都包含着一定的社会责任，必须承担一定的社会义务，为社会做出应有的贡献。

二是职业权利，即每一种职业人员都有一定的职业业务权利，也就是说，只有从事这种职业的人才有这种权利，而在此职业之外的人不具有这种权利。

三是职业利益，即每种职业人员都能从职业工作中取得工资、奖金、荣誉等利益。

2. 职业的特性

图 1—2　有工作更自信，有工作才更有条件感恩

第一，职业具有专业性。职业是人们所从事的专门业务，一个人要从事某个职业，首先必须掌握该职业所必须具备的专业知识、专业技能，具有从事该职业所特有的职业道德品质。例如，一名电梯维修工不仅要有电梯构造等方面的专业知识，还要具备电梯故障诊断与维修的专业技能，以及精益求精的工作态度。

第二，职业具有多样性。随着社会的发展和科技的进步，社会分工越来越细，职业种类越来越多，职业差别也越来越大。据 2015 年人力资源和社会保障部等 8 个部门制定的《中华人民共和国职业分类大典》介绍，我国职业共分为 8 大类、75 个中类、434 个小类、1 481 个职业。随着我国改革开放的不断深入和各地招商引资力度的不断加强，就业机会将越来越多。这也预示着劳动预备人员在将来的择业、就业和创业中会有更多的机会和发展空间。

第三，职业具有技术性。每一种职业都有一定的技术含量或技术规范要求，特别是在一些高新技术企业，技术含量越来越高，以至于在从事某职业前还必须经过一定时间，针对某一特定职业进行专业知识教育，并进行专门的技术技能或操作规程的训练，这也正是劳动预备制就业和职业培训兴起并得到大力发展的重要原因。

第四，职业具有时代性。职业随着时代的发展而变化，新的职业不断产生，原有的职业也不断被赋予新的内容，伴随着社会发展，有些职业将消失或趋于消失，新的职业会应势而起，如创业咨询师、企业文化师、保安员、家庭服务员、家用电器产品维修工、办公设备维修工、职业指导师等，而过去的电话接线员、机械打字员已经或趋于消失。原有的传统职业如农民、教师、会计等也不断地被赋予新的内容。随着时代的发展、科技的进步和自身条件的变化，一个人的职业适应能力同样需要与时俱进。无论在任何工作岗位上，只要不断耕耘、挥洒汗水，不断播撒劳动的种子，就能不断地收获成功的希望和果实。俗话说人勤地不懒。你付出的劳动和挥洒的汗水越多，从事的工作科技含量越高，你获得的收入就越丰厚，这就是所谓的“多劳多得、优劳优酬”。

（二）道德

由于社会分工不同，人的劳动能力和喜好不同，人们所从事的职业和工种也就不一样。在不同的工作岗位和不同的职业活动中，有的人做事情尽善尽美，有的人粗心大意，也有的人敷衍塞责，因而我们也就有了好与坏、美与丑、善与恶的不同评判结果。那么是什么因素导致人的行为有如此大的差异？

除去个人能力的差别，起决定作用的往往是道德的力量和信念。

1. 什么是道德

道德是以一定的社会经济基础所决定的，以善与恶、美与丑、正义与非正义、公正与偏狭、诚实与虚伪为评价标准，以法律为保障，依靠社会舆论、传统习俗和信念来维系的，调整人们之间以及个人与社会之间关系的行为准则和规范的总和。

2. 道德的特征

道德具有以下五个特征：

(1) 道德具有特殊的规范性。道德与哲学、艺术、政治规范、法律规范一样，都属于上层建筑，但它与其他四者却有很大不同。道德与哲学、艺术相比，它们的存在方式不同。哲学是以范畴和普遍规律的方式存在，艺术是以具体的形象方式存在，而道德是以各种规范的方式存在，是由各种各样的规则组成的规范体系。

道德与政治和法律规范相比，差异性更加明显。政治规范、法律规范一般都是由国家制定的，通过检察院、法院、公安机关等机构强制执行和保证实施。道德则不同，它不是由国家强制执行的，而是运用社会舆论、传统习惯、教育和人的信念，确定善恶标准，形成舆论的力量。因此，政治和法律规范具有强制性，道德则不具有强制性，它是通过人们共同确认的善恶标准以及舆论的力量来规范人们的行为。由此可见，道德是一种特殊的行为规范。

(2) 道德具有渗透社会生活的广泛性。纵向看，道德贯穿于人类社会发展的各种形态。道德萌芽于原始社会，随着人类社会的发展，道德不仅不会消亡，而且还得到进一步加强，由阶级道德真正变成为人类的共同道德。横向看，道德存在于社会生活的各个领域和各种社会关系中。大到经济领域、政治领域、文化卫生领域，小到人们的衣食住行、家庭伦理，都要面对各种关系，如父母与子女、丈夫与妻子、上级与下级、老师与学生等，在处理这些关系时，人们几乎都是按一定的道德意识和习惯行事的。道德具有比政策和法律更广泛的群众性和社会性。

(3) 道德具有发展的历史继承性。道德与其他上层建筑一样具有发展的一面，但又有与历史相联系的一面。

首先，各个时代的道德中有一些共同的东西，这就是在长期社会发展中形成的各个阶级都应遵守的道德准则。例如，孝敬父母、尊敬师长等道德规范。

其次，不同的社会发展时期，不同阶级之间的道德，也有一些可以继承的内容。例如，岳飞的“精忠报国”，包拯、海瑞、郑板桥等清官的廉洁奉公、刚正不阿，范仲淹的“先天下之忧而忧，后天下之乐而乐”等，对现代社会的道德建设都有一定的借鉴意义。

最后，历史上一些思想家的道德修养理论和实践方法，对于后人的道德修养实践具有启发作用。例如，孔子为教育他的弟子提出的“三人行，必有我师焉”的学习要求，曾子提出的“吾日三省吾身，为人谋而不忠乎，与朋友交而不信乎，传不习乎”的自律要求及标准等，这些理论对后人的品德修养，都具有启发作用，值得好好分析，有选择地继承。

（4）道德具有精神内容和实践内容的统一性。马克思曾把人类把握世界的方式分为四种，即科学理论的、艺术的、宗教的和实践精神的。道德是社会意识，是一种思想关系，因此它是一种精神。但道德作为精神又不同于科学、艺术等其他精神，而是一种以指导行为为目的，以形成人们正确的行为方式为内容的精神，因此它又是实践的。道德区别于其他社会意识的根本特征就在于它是一种实践精神，道德存在于人们的意识之中，又表现在人们的现实生活之中，它通过人们处理各种复杂的社会关系表现出来。如一个道德水准高的干部绝不会收受贿赂；一个有道德的人绝不会看到别人陷入困境而不尽自己所能伸出援助之手。

（5）道德在阶级社会中具有阶级性

在原始社会，为了生存，人们共同征服自然，道德观念基本上是一致的。进入阶级社会后，统治阶级为了维护他们的统治，制定了多种规范，如政治规范、法律规范、纪律规范、经济规范、道德规范等，他们用这些规范制约人们的行为。道德就是一定社会、一定阶级的人们提出的，处理人与人、人与社会之间各种关系的一种特殊行为规范。如农民的道德与地主阶级的道德不同，无产阶级的道德与资产阶级的道德不同。

3. 道德的职能

道德在社会发展的各领域里发挥着积极的能动作用，其具有的职能主要有：

第一，调节职能。道德具有调节人与人之间、人与社会之间各种关系的功能。人们可以利用各种道德规范来处理在职业、生活、社会交往等方面的社会关系，通过建设良好的社会道德去调整人与人、人与社会之间的关系，使整个社会处于比较和谐的状况。

第二，教育职能。道德具有普遍性的教育作用，它教育和引导人们正确地认识自己与他人、与社会、与国家之间的关系。良好的社会道德能引导人们更客观公正地对待自己、他人和社会。

第三，认识职能。道德具有帮助人们提高修养，认识善、恶、美、丑和辨别是非的功能。通过建设良好的社会道德，能够帮助人们正确地认识什么是美的、什么是丑的，什么是对的、什么是错的，从而使人们能够不断地提高自身的修养和对美丑的判断力。

要想成为一名称职的职业人，除了做好自己的本职工作外，还必须要有良好的道德素养和职业操守。道德既是一种善恶标准，又是一种行为标准；既表现为道德心理和意识现象，又表现为道德行为和道德活动现象，同时也表现为一定的道德原则和规范现象。道德力量是国家发展、社会和谐、人民幸福的重要因素，是职业活动优与劣的试金石。

案例

坚守承诺的道德标杆

2010 年 2 月 9 日，农历腊月二十六，为了给先期回家的农民工发工资，孙水林决定在大雪封路前赶回武汉。春节前发放工钱，是他对民工的承诺。不曾料想，在回去的路上，由于路上结冰，高速公路发生追尾，孙水林一家五口全部遇难。弟弟孙东林为了完成哥哥的遗愿，在大年三十前一天，来不及安慰年迈的老母亲，将工钱送到了农民工手中。就这样，在新年来临之前，60 多位民工如愿领到工资，孙东林也如释重负。

“新年不欠旧年账，今生不欠来生债”。孙水林、孙东林兄弟 20 年坚守承诺，被称为“信义兄弟”，2010 年被评为“感动中国 2010 年度人物”。当看到他们的事迹的时候，我想任何一个人都会为之动容。钦佩，是因为他们确实不同凡响，他们是道德标杆；感动，是因为我们受到了震撼和感化，这正是道德的力量。

——选自《道德的力量》

点评

道德模范，是社会上竖起的标杆，是一面面旗帜。“信义兄弟”以自身的道德行为，真实具体地再现了优秀的道德品质。榜样的力量是无穷的，他们对社会良好风尚的形成起着重要的推动作用。

二、职业道德

（一）什么是职业道德

职业道德是社会道德的重要组成部分，是指从事不同职业的人在自己的职业活动中所应遵循的行为准则，是对从业人员在履行职业责任过程中的特殊道德要求。

1. 职业道德的具体内涵

职业道德有着丰富的内涵，具体表现在：

（1）职业道德是一种职业规范。通常体现为观念、习惯、信念等，在长期的职业活动中形成，主要内容是对从业者义务的要求，代表了不同的价值观，受社会普遍的认可。

案例

“最美司机”吴斌

图 1—3　吴斌同志先进事迹报告会现场

吴斌（1965.3.8—2012.6.1）男，浙江杭州人，杭州长运司机。2012 年 5 月 29 日中午，吴斌驾驶客车从无锡返杭途中，在锡宜高速路上被一个来历不明的金属片砸碎前窗玻璃后刺入腹部导致肝脏破裂及肋骨多处骨折，肺、肠挫伤。危急关头，吴斌强忍剧痛，换挡刹车将车缓缓停好，拉上手刹，开启双闪灯，以一名职业驾驶员的高度敬业精神，完成一系列完整的安全停车措施，确保了车上 24 名旅客安然无恙。他还提醒车内 24 名乘客安全疏散和报警，后被送到中国人民解放军无锡 101 医院抢救。2012 年 6 月 1 日凌晨 3 点 45 分，吴斌因伤势过重抢救无效去世，年仅 47 岁。

为表彰杭州司机吴斌的先进事迹和崇高精神，2012 年 6 月 2 日晚，杭州市精神文明建设委员会发布公告，授予吴斌同志杭州市道德模范（平民英雄）荣誉称号。

点评

危难之际见精神。吴斌同志在危急时刻用生命履行了职责，为我们树立了坚守岗位、舍己为人的光辉榜样，感天动地。向“平民英雄”“最美司机”致敬。

（2）职业道德是职业人的基本素质。在社会生活中，一个没有道德的人会遭到别人的唾弃；在职业活动中，缺失职业道德素养的人无法形成行动的内驱力。有人总是抱怨社会、家长没有给他提供好的工作，有的人不去主动提高自己，反而迷信，幻想

图 1—4　迷信招不来好工作

着某一日天上掉下馅饼，这些都是贻害自己的行为。

（3）职业道德对于个人内心信念和职业习惯的形成，对于企业凝聚力的形成有着深远的影响。所有从事职业活动的人，只要从实际出发，做一名有道德的职业人，不管你从事哪一行业的工作，你都能成为受欢迎的一员，会有良好的职业发展。

2. 职业道德的含义

概括地讲，职业道德的含义包括以下几个方面：

（1）职业道德是受社会普遍认可的职业规范。

（2）职业道德是在长期的职业实践活动中形成的。

（3）职业道德依靠文化、内心信念和习惯，通过员工的自律实现。

（4）职业道德具有内在的约束力，其规范意义超过强制力。

（5）职业道德的主要内容是对员工义务的要求和动力支持。

（6）职业道德标准多元化，不同企业可能具有不同的价值观。

（7）职业道德承载着企业文化和价值追求，有强大的凝聚力。

目前，我国公民道德建设适逢发展的新机遇，强化职业道德，弘扬社会正气，树立道德新风，以社会主义核心价值观引领社会道德风尚，对促进和谐社会建设将会产生积极的作用。

感动中国的“雷锋传人”郭明义

郭明义说：从小到大，雷锋一直是我的榜样。做雷锋传人，就要立足本职、岗位奉献，在爱一行、钻一行、精一行中收获幸福。在鞍钢，当汽车司机，我创造了单车年产最高纪录；任车间团支部书记，我所在的支部是红旗团支部；当宣传干事，我写的党课教案荣获一等奖；在车间当统计，我第一个获得资质证书；做英文翻译，我赢得了外方专家赞扬。调任矿山公路管理员后，我每天提前两个小时到现场，双休日、节假日从不休息。16 年来，累计加班 15 000 小时，相当于多干了 5 年的工作。有人说我是“越干越基层、越干越辛苦”，但是我没有感觉到苦，而是越干越起劲，在适合自己的岗位上做一些力所能及的事情，我觉得非常快乐。

这些年，我积极投入希望工程、无偿献血、捐献造血干细胞、捐献遗体器官等活动。有人问我，你自己并不富裕，为什么还要去帮助别人？我确实不富裕，但一点帮助能够让病人及时得到救治，让贫困家庭一解燃眉之急，让失学儿童露出幸福微笑，这都是我能够做到的，我为什么不做呢？我为什么不多做一点儿呢？

提示

“做事先做人，做人先立德”。

点评

郭明义是中国产业工人的骄傲。社会学家艾君在《郭明义的“爱心”和“奉献”比什么都重要》一文中作了分析：“爱心”就是郭明义思想情操的写照；“奉献”就是郭明义行为上折射出的一种精神。如果说郭明义是“英雄”，但他平凡的人生经历中没有惊心动魄的壮举；如果说郭明义是“小人物”，但他却像一支蜡烛，永远在照耀着别人，燃烧着自己。正如对他的“感动中国 2010 年度人物”颁奖词所写的那样：“他总看别人，还需要什么；他总问自己，还能多做些什么。他捐出的每一枚硬币、每一滴血都滚烫火热。他越平凡，越发不凡，越简单，越彰显简单的伟大。”郭明义，感动中国的平凡人。

（二）职业道德与社会公德、家庭美德和个人品德

在社会道德生活中，除了每一个社会都会有一个占主导地位的总体道德之外，依据人们不同的公共生活领域，可以大体划分为社会公共生活领域中的道德、职业活动领域中的道德，家庭生活领域中的道德，个体修养的品德，即社会公德、职业道德、家庭美德、个人品德。我国在道德建设中，既要重视加强社会公德、职业道德和家庭美德教育，也要重视个人品德建设。社会公德是社会主义道德建设的基础，职业道德是社会主义道德建设的重点，家庭美德是公民个体道德化的摇篮，个人品德是公民职业道德的缩影。

职业道德是社会道德的组成部分，是社会主义精神文明建设的重要内容。一个人从认识职业、认识职业道德开始，就要自觉意识到社会的职业、行业的划分，以及职

业和行业本身的性质和特点，认识职业道德的特殊要求。无论从事任何职业，爱祖国、爱人民、爱劳动、爱科学、爱社会主义作为公民道德建设的基本要求，是每个公民都应当承担的法律义务和道德责任。同时，职业道德不仅融入公民基本道德规范，而且还要贯穿公民道德建设的全过程，引导人们发扬爱国主义精神，提高民族自尊心、自信心和自豪感，以热爱祖国、报效人民为最大光荣，以损害祖国利益、民族尊严为最大耻辱，提倡学习科学知识、科学思想、科学精神、科学方法，艰苦创业、勤奋工作，反对封建迷信、好逸恶劳，积极投身于建设有中国特色社会主义的伟大事业，真正体现社会公德、家庭美德、个人品德的柔性实力。

职业人首先要成为遵守社会公德、家庭美德、个人品德的典范，然后才能在职业活动中践行职业道德，以文明使者的身份参与社会活动。

相关链接

党的十八大分别从国家、社会、公民个人三个层面明确了社会主义核心价值体系的内涵：

国家层面：富强、民主、文明、和谐；

社会层面：自由、平等、公正、法治；

公民层面：爱国、敬业、诚信、友善。

1. 职业道德与社会公德

职业人是社会成员中的一分子，是社会公德的具体实践者。

社会公德是全体公民在社会交往和公共生活中应该遵循的行为准则，即文明礼貌、助人为乐、爱护公物、保护环境、遵纪守法，涵盖了人与人、人与社会、人与自然之间的关系。社会公德是人类社会文明成果的一种沉淀和积累，是一个国家，一个民族或者一个群体在历史长河中、在社会实践活动中积淀下来的道德准则、文化观念和思想传统，它对维系社会公共生活和调整人与人之间的关系具有重要作用。

在现代社会，由于公共生活领域不断扩大，人们相互交往日益频繁，社会公德在维护公众利益、公共秩序，保持社会稳定方面的作用更加突出，成为公民个人道德修养和社会文明程度的重要表现。因此，所有的职业人都要自觉践行以文明礼貌、助人为乐、爱护公物、保护环境、遵纪守法为主要内容的社会公德，努力在社会实践和社会关系环境中做一个好公民。

2. 职业道德与家庭美德

家庭美德是公民个体道德化的摇篮。家庭是社会的细胞，是人们最早接受道德教育的地方。职业人也是属于一个家庭的成员，可以看作是家庭美德和家庭关系的缩影。

家庭美德是指人们在家庭生活中调整家庭成员间关系，处理家庭问题时所遵循的高尚的道德规范。家庭美德的内容主要包括尊老爱幼、男女平等、夫妻和睦、勤俭持家、邻里团结等。

想一想

在外务工的你给家人打电话了吗？感恩节是否想到了父母，是否深深地道一句：谢谢您！

中国是具有最紧密家庭关系优良传统的国家，爱家、睦邻、和谐相处维系着中华文明世代相传。家庭生活与社会生活有着密切的联系，正确对待和处理家庭问题，共同培养和发展夫妻爱情、长幼亲情、邻里友情，不仅关系到每个家庭的美满幸福，也有利于社会的安定和谐。夫妻关系是家庭关系的核心。这些年，由于许多人外出务工，出现了大量的留守儿童、留守妇女、留守老人，也有在外务工耐不住寂寞而出轨的，直接导致夫妻关系的破裂，家庭的不稳定。许多正、反两方面的事例都可以证明，道德因素，特别是夫妻双方的道德情操、道德品质、生活理想、价值目标，在漫长的家庭生活中起着不可替代的作用，在外务工要特别注意信守夫妻承诺，呵护夫妻关系。在家庭美德建设中，还要弘扬中国传统道德中“孝”的合理因素，对于促进人际关系和谐、改善社会风气都有重要意义。“孝”，不仅是对父母的孝敬、尊重，还要对父母赡养、关爱，尽晚辈应尽的义务。家财万贯买不来亲情，买不来父母的健康，买不来亲人的牵挂。正所谓：“慈母手中线，游子身上衣，临行密密缝，意恐迟迟归，谁言寸草心，报得三春晖。”加强孝敬父母的教育，有利于形成爱国主义思想，有利于培养人们的集体主义观念。

每个家庭成员都要加强社会主义道德修养，大力倡导以尊老爱幼、男女平等、夫妻和睦、勤俭持家、邻里团结为主要内容的家庭美德，在家做个好丈夫（好妻子）、好父亲（好母亲）、好儿子（好女儿）。总之，鼓励人们在家庭里做一个好成员。

3. 职业道德与个人品德

过去，人们比较重视加强职业道德、社会公德和家庭美德教育，对个人品德要求相对较弱，这在职业道德建设领域里不能不说是一个重要的缺憾。职业道德、社会公德、家庭美德这三种道德固然重要，但更应以个人品德建设为基础。忽视了个人品德的职业道德建设，其效果一定大打折扣。

个人品德主要是指个人依据一定的道德行为准则在行动时所表现出来的稳定心理特征及价值取向，是个人道德自觉的结晶，也是社会道德规范、道德原则在个人身上的综合体现，它涵盖道德认知、道德情感、道德行为、道德意志等各个方面。

相对于职业道德、社会公德、家庭美德这些具有公度性、他律性和制度性的公德而言，个人品德具有私人性、自律性和自决性的私德特点。私德涵养有利于公德水平的提高，个人品德建设不好，社会公德、职业道德和家庭美德建设都将是空中楼阁，无根之木，无源之水。

个体的道德活动是人类道德生活中最活跃、最生动、最有生命力的内容，它内在地包含着未来社会道德发展的趋势，正是这种趋势，使个体不仅能够接受、内化社会道德，而且“再生产”社会道德。

个体道德活动，既是社会道德再现的承担者、实践者，又是社会道德更新的推动者、创造者。一个有道德的人在践行服务他人、献身社会的崇高行为的过程中，必然会使自己的道德觉悟不断提高，思想境界不断升华，并受到社会的尊重，从而使自己身心获益。所谓“德，外得于人，内得于己”就是这个道理。

例如，我们从雷锋精神的传承人郭明义身上和他的行为中，能够深切地感悟到爱心和奉献精神的存在，感受到一种无私奉献的文明力量的存在，也让更多的人懂得了“毫不利己，专门利人”的精神内涵。郭明义在平凡的生活工作中把自己对祖国的爱、对社会的爱、对人民的爱，在人生的历程中尽情地表达和抒发出来；在道德与正义、公德与私欲、社会与文明中找到支点，以自己炽热的爱心，在平凡的工作里、在时代的发展中，奉献出自己的爱心，为这个社会的文明与发展留下一条有价值、有意义的人生轨迹。

职业道德、社会公德、家庭美德、个人品德几方面内容是一个有机的统一体，共同构成了社会主义完整的道德体系。良好的个人品德是形成社会公德、家庭美德、职业道德的基础，是奠定全社会道德建设的基石。遵守职业道德是从业人员实现职业理想、追求高尚职业道德的具体行动内容。

劳动预备从业人员要通过对社会公德、职业道德、家庭美德、个人品德知识的学习，在家庭生活中做一个遵守家庭美德的成员，在职业生涯中做一个遵守职业道德的从业者，在社会生活中做一个遵守社会公德的公民，在实际生活中注重个体品德修养，努力使自己成为爱家庭、爱职业、爱社会的一员。

第二节　职业道德的特点

职业道德有其共性的特征，但是每种职业都担负着特定的职业责任和职业义务。在社会生产、生活活动中，只要有社会分工的地方，就会有不同的职业，由于各种职业的职业责任和职业义务不同，职业必然会形成行业的差异性，因此也就会产生职业道德的行业特征的不同要求，从而形成各自特定的职业道德的具体

> **提示**
>
> 职业道德建设的核心是为人民服务。

规范。正如恩格斯所说，“实际上，每一个阶级，甚至每一个行业，都各有各的道德。”

总体而言，职业道德具有以下特点。

一、职业道德适用范围的有限性

不同的职业，职业道德的内容和要求不完全相同。

职业道德是对从事某一种职业的人的要求，不同的职业，对从事这种职业的人要求不同。所以有多少种职业，就会有多少种职业道德。某一职业的职业道德要求适用于这一职业，但对其他职业的应用性就无从谈起。

比如说新闻职业道德，从共性方面说，新闻道德作为职业道德的一种，它同其他职业道德一样，具有社会性、阶级性、规范性、约束性、实践性等特点。从个性方面说，新闻道德不同于其他职业道德形态的根本区别，还在于它对新闻报道行为发生的特殊规范意义。

大家比较熟悉的教师职业，其职业道德的基本特点具有职业道德的教育专门性，体现教书和育人要求的一致性，职业道德内容的全面性（它包括职业理想、职业态度、职业责任、职业技能、职业规范、职业良心、职业作风、职业情操等）和职业道德功能的多样性。这些道德的要求只适用于教师职业，与其他职业的职业道德的内涵要求和特点又具有很大的差异。

国家机关工作人员职业道德有先进性与时代性并存、政治性和政策性兼有、稳定性和发展性相依、多样性和共同性兼具、服务性和权威性共存的表述，与其他行业的职业道德要求差异明显。

可以说，有多少种职业就会有多少种职业道德。如“商德”“医德”“艺德”等。要记住，无论将来从事任何职业、工种，都要认真学习职业、行业和工种的职业道德要求，遵守道德规范。

二、职业道德发展的历史继承性

由于职业具有不断发展和世代延续的特征，不仅其技术世代延续，其管理员工的方法、与服务对象打交道的方法，也有一定的历史继承性。

比如，中华民族传统美德是以儒家传统伦理为主要内容的道德思想精华，它是我们民族的“魂”和“根”。家庭服务职业道德的内容充分继承了中华民族传统美德，这是家庭服务职业道德建设的一个重要途径和基本特征，凸显了当前我国社会主义道德建设中传统道德的历史根源性与现实继承性问题。

再比如医药行业，医药职业道德是调节医药人员与病患者、医药人员之间以及医药人员与国家、集体之间关系的行为规范总和。医药职业道德是社会主义职业道德在医药领域的表现，具有全人类性、严肃性、平等性和连续性的特点。我国是历史悠久的文明古国，历来以注重道德礼仪而著称于世。人们在世代相传的医药职业实践中形成的道德观念、道德意识和道德习惯，具有历史继承性和连续性。

三、职业道德表达形式的多样性

职业道德是为了适应各种职业活动而形成的，它总是从本职业交流活动的实际出发，采用制度、守则、公约、承诺、誓言、条例，以至标语口号之类的形式，这些灵活的形式既易于从业人员接受和实行，而且易于形成一种职业的道德习惯。所以，职业道德和社会公德相比，在表达的形式上灵活多样，凸显行业和职业特征。

职业道德的表达形式不同，其影响和社会效果不同。有的职业道德以条文的形式向社公布，比如我国的《律师职业道德和执业纪律规范》（2001 年中华律师协会修订）。其表达的形式包括：第四条，律师应当忠于宪法和法律，坚持以事实为根据，以法律为准绳，严格依法执业。律师应当忠于职守，坚持原则，维护国家法律与社会正义。第五条，律师应当诚实守信，勤勉尽责，尽职尽责地维护委托人的合法利益。第六条，律师应当敬业勤业，努力钻研业务，掌握执业所应具备的法律知识和服务技能，不断提高执业水平等。有的是以标语的方式公布，比如商店里的“顾客第一，热诚服务”、工地上的“安全生产，规范操作”，“质量就是生命”等；有的已经形成理念优势，传承于企业，传颂与民间。比如创建于 1669 年的北京同仁堂是全国中药行业著名的老字号，在 300 多年的风雨历程中，历代同仁堂人始终恪守“炮制虽繁必不敢省人工，品味虽贵必不敢减物力”的古训，“一百道工序，一百个放心”，树立“修合无人见，存心有天知”的自律意识，其产品以“配方独特、选料上乘、工艺精湛、疗效显著”而享誉海内外。其职业活动和经营信誉已经成为一种口碑，彰显企业“质量即生命、责任重泰山”的内在道德动力。

练一练

根据你从事的职业，用标语的形式概括一下该职业的职业道德要求（参考事例：如会计——不做假账）。

四、职业道德兼有强烈的纪律性

职业道德有时以制度、章程、条例的形式表达，让从业人员认识到职业道德具有纪律的规范性。例如，工人必须执行操作规程和安全规定；军人要有严明的纪律等。

职业道德与职业纪律既相互联系，又有所区别，两者相辅相成。《劳动法》第三条规定："劳动者应当遵守劳动纪律和职业道德。"职业道德和职业纪律的联系在于两者共同寓于同一主体——劳动者，调整的对象均为劳动行为，终极目标都是为了保证行业和企业生产劳动的正常进行，促进精神文明的建设。

职业道德和职业纪律两者的区别在于职业道德属于思想意识范畴，职业纪律属于法律关系的范畴；职业道德的直接目的是实现企业的最佳经济效益，职业纪律的直接目的是保证劳动者完成劳动义务；职业道德的实现主要依靠社会舆论，凭借人们的内疚和反省，职业纪律以惩罚和激励相结合为实现手段。

其实，职业道德同样还具有自我行为律己性。职业道德的内容体现了公民权利和义务的统一，也涵盖人人为我、我为人人、互利双赢的原则。职业道德具有自我约束性与自我控制的特征，比如，在道德修养、礼仪要求、习惯性特征等方面，从业人员自我的行为必须是自身素养的外显，行为特征具有高度的自知和律己。

己所不欲，勿施于人。从业人员要想做好本职工作，必须注意自己的道德意识和行为，防止发生违背道德的意念和行为。在工作中找到乐趣，得到锻炼和提高，既能实现自身的价值，又能得到社会和他人的尊重。

五、职业道德形成的稳定性

在职业活动中，职业道德是人们每天都必须面对和实践的行为规范，所以很容易发展成熟，只要经过一段时间的认知、总结和提升，并能在职业活动中时时要求自己，反复使用，职业道德就会形成稳定的模式并不断完善。从业人员一旦形成良好的个性品质和职业品质，表现在行为上就具有可持续的稳定性特点，在长期的职业活动中，受职业道德的影响，就会在身上留下职业的痕迹，就是我们常说的职业习惯。

案例

马背上的人生历程

王顺友，一名普通的乡邮递员，一名普通的共产党员。他在20多年的乡邮递员生涯中演绎着绚烂的人生，他的事迹从四川省木里藏族自治县大山里传遍祖国大地，他的先进事迹感人肺腑，令人振奋，催人奋进。

一个人，一匹马，王顺友在大山里一走就是20多年。他把信件送到乡亲们手里，把党的惠民政策送到基层。在不通公路的深山里，王顺友是老百姓的信使，是党和人民的纽带。20多年来，王顺友日复一日，年复一年，跋山涉水，往返在大凉山的这条邮路上，把邮件投递到千家万户，无怨无悔地履行着神圣的职责。20多年来，王顺友在高山峡谷间送邮行程达26万多公里，相当于走了21趟二万五千里长征；20多年来，他没有延误过一个班期，没有丢失过一封邮件，投递准确率达到100%。为了保护邮包，他曾纵身跳入齐腰深的江水，也曾与歹徒搏斗。为了这个简单而又崇高的使命，王顺友在大山深谷之中穷尽青春年华。

他以深沉和质朴，把生命中壮丽的青春无私无求无怨无悔地奉献给邮政事业，在平凡中铸造不平凡，在普通中彰显着崇高。他是爱岗敬业的楷模。王顺友用实际行动践行着“为人民服务不算苦，再苦再累都幸福”的人生追求。他被中组部授予“优秀共产党员”称号，还被评为全国劳动模范和全国道德模范。

——摘自《马背上的邮递员——记优秀共产党员王顺友》

点评

以上材料向我们展现了一个朴实无华、甘于奉献的王顺友，它告诉我们职业道德修养是和自己从事的工作密切相关的，在践行职业道德中养成良好的职业行为习惯是一生的财富。

第三节　职业道德的作用

毋庸置疑，伴随经济社会的飞速发展，人的社会化、职业化活动内容增加，个体和群体的职业行为势必影响到个人、团队和社会的和谐发展。职业道德的要求已经成为和谐社会发展的重要议题，全社会对各行各业的从业人员提出了基本的职业道德和职业素养要求，足见各行业从业人员职业道德建设的作用。

一、职业道德是从业人员的立业之本

社会上的每一个人都需要就业。那么，就业市场需要什么样的人呢？最直接的答案就是需要有职业道德的人。

一个人如果不参加社会劳动，不去工作，就不可能有发展的机会，或有工作不尽力而为，也就容易失去职业发展的机会。有了职业活动，劳动者就可以通过职业活动获得生存、生活和发展的基本路径。即便是今后更换工作或单位，最起码有了工作的经验，或者“骑马找马”成功率更高些。作为个体，一旦选择某一种职业，就有了发挥个体价值的平台，有了服务社会、实现自身价值的基础。比如从事电子装配、家庭服务、物流配送等职业都是就业的重要途径。职业道德是立业之本。没有职业道德，即便是有业也难以立业，难以有安身立命的经济来源，难以有可持续发展的基础。

在现代社会，就业市场竞争日益激烈，例如服务行业从业者，如果不懂或不遵守职业道德，就会无形中削弱个体的竞争力，制约自身的发展。作为一名服务行业合格的职业人，首先应该要有优秀的品德，诚实可靠，有责任心。特别是现代服务业，需要一大批具有一定基础理论与知识水平，又具有较强的动手能力与操作能力的人，同时需要有良好的职业素养和较高的职业道德，有的还需要持证上岗，以满足现代服务业发展的需要。劳动者就业后能从小事做起，正直做人，规范做事，懂得尊重他人，帮助他人，以实际行动做好本职工作，就能为促进企业和社会进步做出应有的贡献。同时劳动者在工作中也能找到乐趣，得到锻炼和提高，在幸福他人的过程中幸福自己，成就自己。

> **提示**
>
> 现代服务业包括：
>
> 1. 基础服务（包括通信服务和信息服务）
>
> 2. 生产和市场服务（包括金融、物流、批发、电子商务、农业支撑服务以及中介和咨询等专业服务）
>
> 3. 个人消费服务（包括教育、医疗保健、住宿、餐饮、文化娱乐、旅游、房地产、商品零售等）
>
> 4. 公共服务（包括政府的公共管理服务、基础教育、公共卫生、医疗以及公益性信息服务等）

故事品鉴

从小事做起，涵养职业道德

阿霖在一家百货公司做营业员，她的柜台前有一道不起眼的台阶，时常有顾客经过时不小心被绊。所以每当有顾客经过时，阿霖总是善意地提醒一句："请小心台阶。"一天，公司老总巡视，阿霖习惯性地提醒说："请小心台阶"。老总听了，脸上露出赞赏的笑容。很快阿霖因工作表现突出被提升为柜台组长。

点评

通过材料，我们知道阿霖的成功其实很简单，仅仅因为她在细微之处都用心去做，把身边的点滴小事做好。这些虽然是小事，却能折射出一个人的道德水平。高尚道德品格的养成是一个循序提高的过程，所谓积久成习，积善成德。坚持把每一件小事做好，把每一个细节做好，就有了立业的基础，就会成就大事。

二、职业道德是从业人员职业发展之路

工作机会有很多，能否稳定就业，实现职业成长和职业发展，关键的因素还要看从业者的职业操守、职业表现，即职业行为所反映出的职业道德水平。每一工作岗位，都要求具备岗位工作能力的人担当。工作岗位有工作规章和道德操守的要求，职业道德要求是每个工作岗位最基本的要求。

1. 良好的职业道德品质能够引领人成长和发展的方向

职业需要奉献，岗位需要付出，因为有付出才有回报。今天的社会，所有的生产型企业或服务型企业都要求从业人员要有良好的思想道德修养，要有我为人人，人人为我的价值理念，有良好的职业道德水准，只有这样，才会使自己成长，促进个人发展。

2. 高尚的职业道德情操是激发个体职业发展的潜在力量。

一个人的成长和发展的内在因素包括思想智能、心理品格等内在条件，它们共同构成职业人成长和发展的潜在力量。在这些潜在力量中，思想道德起着主导作用，而职业道德又是思想道德在就业后的集中体现。在现实生活中，有的人端正心态，懂得付出，在工作岗位上小有成绩；有的人慵懒无常，碌碌无为，总在感叹命运的不济，究其原因是因为道德的内在动力作用有所不同。

走好职业人生，实现职业人生的价值，条条大路通罗马。而职业道德就是通向职业成长和职业发展的光明之路。

故事品鉴

从事家庭服务的创业之星

高中毕业的鹿萍已经47岁，曾经做过业务员、营销员、推销员、家庭服务员，而正是在家庭服务的岗位上，让她萌发了创业的念头——办家庭服务企业，不仅使自己从就业到创业，而且帮助像她一样的人解决就业问题。于是，从2002年开办“鹿萍家庭服务中心”。在创业过程中，鹿萍通过指导员工参加就业培训，追求精心服务、诚心服务，培育良好的职业道德，以高度的责任心和行动赢得客户的口碑。经过几年的努力，鹿萍的家庭服务事业有了很大的发展，她本人先后荣获区创业明星、二次创业示范基地、南京市“巾帼社区服务示范站”“创业巾帼明星”等荣誉称号。在服务社会的过程中，鹿萍找回了自我，更树立起家庭服务从业者自信的心理丰碑。

点评

从做家庭服务工作到家庭服务创业，鹿萍怀着一颗帮助别人的热心，以良好的职业道德为动力，做好人，做好事，走上成功之路，成就职业人生。

三、职业道德是调节人际关系的润滑剂

职业道德的基本职能是调节职能。它一方面可以调节从业人员内部的关系，即运用职业道德规范约束职业内部人员的行为，促进职业内部人员的团结与合作。如职业道德规范要求各行各业的从业人员，都要团结、互助、爱岗、敬业；齐心协力地为发展本行业、本职业服务。另一方面，职业道德又可以调节从业人员和服务对象之间的关系。如职业道德规定了制造产品的工人要怎样对用户负责，营销人员怎样对顾客负责，医生怎样对病人负责，教师怎样对学生负责等。

想一想

窥探同事隐私对吗？

每个人都应该尊重别人的隐私。窥探别人的隐私被认为是个人素质低下、没有修养的行为。职业场合与同事交往，要注意不要随便侵入他人“领地”，以免被同事讨厌，不愿与你交往。

在从业人员的职业活动中，职业道德的调节作用凸显。例如，家庭服务是人对人的服务，家庭服务员与客户的关系是最基本的人与人的社会关系。对于家庭服务员来说，与客户建立良好的关系十分重要。人际关系作为在人际活动和人际交往中结成的人与人之间心理上的关系，对每个人的工作和生活都有着深刻的影响。人际关系好，人

与人之间感情融洽，相互谅解、体贴，工作上相互配合、协调，能使人们心情愉快地工作并对自己的工作感到满足，获得职业的成就感和职业生活的幸福感，这是提高工作绩效的重要因素。相反，人际关系紧张，人与人之间相互猜疑、提防，必然对人的心理产生副作用，影响工作情绪，降低工作绩效。

职业活动也是一个群体性社会行为，构成群体的个体需要有良好的道德素养、品德修养，才能构建和维系新型的人际关系。一般来说要做到：

第一，宽以待人，严于律己，待人处事持积极态度；

第二，为人热情、开朗、真诚、自信，与人为善、助人为乐；

第三，心胸开阔、情绪稳定、自制力强，事关个人利益要从大处着眼，不要斤斤计较；

第四，谦虚求教，主动沟通，凡事要多问多思考，切勿自以为是。

职业道德是人们用以调节人际关系的重要手段之一，其特殊性就是用人的精神性的满足特别是对真、善、美的追求来协调人际关系。经济社会的发展要求道德教育必须外化为主体内在“自律”的追求，因此，职业道德的养成和实践最显著的特色就是关于劳动者主体人格的培养。

练一练

请为小王出主意

下面是小王自己的表述，他在职场上遇到了人际关系的大问题，请你帮小王出主意，帮助小王走出目前的困境。

“我是小王，我有给人一种很难以产生亲切感的感觉。我有点内向，让人感觉呆板，极少参加团队活动，和平常的陌生人能很快熟起来，但是和那些有工作关系，特别是面对上级，很害怕，与同级别的同事却比较友好。但是一些很想在公司里面混得好的同事，却急于与我撇清关系，怕受我牵连。领导不看好我。我个人比较偏重于技术类的事情，但工作业绩不算太好。我个人认为也许是因为与同事的关系不是很好，很多事情开展起来有困难，别人就算不是特意为难我，但是也不愿意帮忙。这也是我目前需要解决自身问题中的首要问题。”

你的建议：____

____

____

四、职业道德是经济社会健康发展的助推力

职业道德是整个社会道德的主要内容。职业道德一方面涉及每个从业者如何对待职业，如何对待工作，同时也是一个从业人员的生活态度、价值观念的表现。另一方面，职业道德也是一个职业集体，甚至一个行业全体人员的行为表现，如果每个行业、每个职业集体都具备优良的道德，对整个社会道德水平的提高肯定会发挥重要作用，它有助于提高全社会的道德水平，是经济社会健康发展的有力保障。

重职业道德是从业人员平等、有尊严工作的基石。我们的社会人与人之间只有分工不同，没有贵贱之分；行业虽然有差别，但事业没有高低。

比如：家庭服务就是为人民服务，是在为民解难、为国家做贡献。家庭服务工作是整个社会活动的组成部分，从某种角度看是在为一个家庭、一个人服务，但从整体看，这份工作让一个家庭中其他成员可以安心地去做自己的本职工作，这同样是在为社会分忧、为国家服务。提升家庭服务质量，发展家庭服务业，既是能满足社会需求、扩大服务消费的一项紧迫任务，也是促进社会就业，“保增长、保民生、保稳定”的一项重要举措。目前，全社会对家庭服务从业人员的尊重和关心已有目共睹，家庭服务中的月嫂、护理等岗位特别抢手。可以说家庭服务同样是有尊严的工作，受欢迎的工作。

党的十八大提出建设幸福中国，幸福中国就是和谐中国，就是经济社会健康发展的中国。在这样的大背景下，劳动者必须树立爱岗敬业的职业意识，养成勤奋好学的职业习惯，掌握适应职业发展的服务技能，强化标准化、专业化发展的自我要求，在职业活动中增强职业信心和成就感。时代在发展，职业领域的从业环境在变化，劳动者也必须紧跟时代潮流，转变传统落后的择业和就业观念，提倡尊重劳动，尊重创业的社会风尚，用自己的诚实劳动赢得社会的理解、珍惜和尊重，服务和促进经济社会的健康发展。

党的十八大描绘出幸福中国的美好蓝图，共筑中国梦是每一位劳动者的愿望和追求。择业、就业，爱岗敬业，岗位奉献，惠人利己。只要我们勤奋好学，诚实劳动，乐于奉献，广大劳动预备人员一定能找到心仪的职业和工作，一定可以与全社会劳动者一道，共创文明、和谐的职业环境，共建富强、美好新生活。

阅读案例，分组讨论并回答问题。

“最美女教师”——冰雪为容玉作胎

张丽莉，女，28 岁。从哈尔滨师范大学毕业后，分配到黑龙江省佳木斯市第十九中学，任初三（3）班班主任。

2012 年 5 月 8 日，放学时分，张丽莉在路旁疏导学生。一辆停在路旁的客车，因驾驶员误碰操纵杆失控，撞向学生，危急时刻，张丽莉向前一扑，将车前的学生用力推到一边，自己却被撞倒了。

车轮从张丽莉的大腿辗压过去，肉都翻卷起来，路面满是鲜血，惨不忍睹。被轧伤后她有时清醒有时昏迷，在送医院的途中，还对大家说：要先救学生。

经过抢救，张丽莉被迫高位截肢。

有人问张丽莉：“你后悔吗?”她回答：“不后悔。这样做是我的职责所在。我已经 28 岁了，我已和父母度过 28 年的快乐时光。那些孩子还小，他们的快乐人生刚刚开始。”

1. 讨论题目：你从张丽莉身上看到了什么样的职业精神?

2. 回答问题：

（1）你将来从事的职业需要什么样的职业道德和技能要求?

（2）你打算从哪些方面提升个人的职业道德修养水平?

第二章　职业道德规范及修养

图 2—1　工作在一线的劳动者

职业道德基本原则统帅职业道德的一切规范，贯穿于职业道德的整个发展过程和各个方面。职业道德规范是人们在职业生活中应遵循的道德行为准则。它是职业道德基本原则的展开，体现了职业道德对职业劳动者的行为要求。职业道德修养是职业人在职业道德品质、职业道德意识方面的自我锻炼和自我改造。

第一节　职业道德规范

职业道德规范是职业道德基本原则的具体化，是职业范围内从业人员应遵守的行为要求，它在职业活动中调整个人与他人、个人与集体、个人与社会之间的利益关系，是我国现阶段各行各业从业人员都应当遵循的职业道德基本准则和行为规范。

不同的职业，职业道德规范的要求具有特殊性，表述也不完全相同。比如，医生的职业道德规范主要表述为：

1. 救死扶伤，实行社会主义的人道主义。

2. 尊重患者的人格与权利，不泄露病人隐私与秘密。

3. 文明礼貌服务。举止端庄，语言文明，关心和体贴患者。

4. 廉洁奉公。自觉遵纪守法，不接受患者红包、宴请，不向患者或家属借钱、借物。

5. 正确处理同行同事间的关系，相互学习，团结协作。

6. 钻研医术，精益求精。不断提高技术水平。

再比如，金融业是一个特殊的服务行业，客观上要求金融从业人员具有良好的职业道德。金融业职业道德规范是：爱岗敬业，遵纪守法，诚实守信，业务优良，服务人民，奉献社会。

如今，全社会共同的职业道德规范与职业道德的核心规范已经形成，社会主义职业道德有了相对独立的道德体系。其主体部分包括三个层次：最高层次是社会主义职业道德的核心——为人民服务，第二层次是各行各业都应当遵守的五项基本规范，第三层次是各行各业具体的职业规范。其中，各行各业都应当遵守的五项基本规范的内容包括：爱岗敬业、诚实守信、办事公道、服务群众、奉献社会。

一、爱岗敬业

故事品鉴

1985 年，宁夏平罗县高庄乡敬老院建成时，年轻的丁丽萍就到敬老院服侍五保老人。20 多年来，她没有因为收入的微薄而另谋他业，也没有因为工作的枯燥、重复而稍有倦怠，更没有因为老人的脾气古怪而影响情绪。她细心地为老人们做饭、洗衣，操心着老人们的生活，关心着老人们的健康，与五保老人结下了浓浓的亲情。丁丽萍的丈夫在外地工作，她不仅要操持家务，还要教育孩子，但她的大部分时间却是与老人们共同度过的。她是回族人，而敬老院里的老人有回族，也有汉族，她努力克服种种困难，按照不同民族的生活和风俗习惯，细致入微地照顾着每位老人的饮食起居，尽心尽力地做好服务工作，直到老人过世。2003 年，丁丽萍调到县老年服务中心工作。她更加勤奋工作，除做好正常的服务工作外，她还经常与老人们沟通，了解老人们的喜怒哀乐、脾气秉性、生活习惯，视老人们为亲人，尽最大可能让老人们保持身体健康，心情舒畅，生活愉快。有一名老人因脑梗死后遗症，生活不能自理，情绪有时处于失控状态。丁丽萍耐心地与她沟通，给她做按摩，像亲生女儿一样对她体贴入微。对老人们尊重、关心和无怨无悔的服务，待老人们如同亲生父母的思想境界和美好心灵，受到了老年服务中心各位老人的喜爱，也受到了社会各界的尊敬和赞誉。

1997 年，丁丽萍被民政部、劳动部、全国总工会、共青团中央、全国妇联、中国老龄协会评为全国敬老好儿女金榜奖，2000 年被评为全国劳动模范和宁夏回族自治区劳动模范，2006 年获得全国孝亲敬老楷模提名奖、民政部孺子牛奖。

点评

丁丽萍的故事告诉我们，职业无分高低贵贱，干一行爱一行，爱一行干好一行，爱岗敬业是从业人员最基本的道德要求。

（一）爱岗敬业的内涵

爱岗敬业是职业道德的首要规范。爱岗就是热爱本职工作岗位，安心本职工作，干一行爱一行。爱岗是对从业人员最起码的道德要求。一个职业劳动者只有对自己所从事的职业抱有饱满的热情和浓厚的兴趣，才能在自己的本职岗位上勤奋劳动，努力创造，全身心地投入，尽心尽力地去工作。敬业就是恪尽职守。大致包括两个内容：一是敬重自己所从事的工作，并引以为傲；二是深入钻研探讨，力求精益求精。爱岗与敬业有着紧密的联系。爱岗，就是热爱自己的工作岗位，热爱自己的本职工作；敬业，就是以极端负责的态度对待自己工作。

图 2—2 爱岗敬业 人人有责

我们可以从两个方面理解爱岗敬业的意义。从个人生存和发展空间上看，爱岗敬业是人类生存本能的需要。一个人的生存和发展，需要必要的环境空间和必要的展示平台。一份职业，一个工作岗位，就是一个人赖以生存和发展的基础性环境空间和展示平台。所以，一个人有了一份职业，一个工作岗位，就应该加倍地珍惜它，加倍地利用好它。要每个人对现实拥有的工作岗位都感到很满意是绝对不现实的。其满意与不满意都是相对的。从工作岗位的客观存在上看，爱岗敬业也是人类社会化分工和发展的需要。一个社会，现代化程度发展越高，社会化分工就越细，对从事工作的人员素质的要求就越高。就一座城市来说，没有人当市长是不行的；同样，如果没有人去扫地、清除垃圾也是不行的。各行各业都要有人去干，都要有明确的职业工作标准去把工作干好。所以，爱岗敬业不仅能满足个人生存和发展的需要，也能满足社会存在和发展的需要。敬业是我们中华民族的优良传统，从业就必须敬业，敬业才能更好地从业。

（二）爱岗敬业的要求

爱岗敬业要求从业者做到乐业、勤业、精业。乐业是指应当以极大的兴趣和饱满的热情，安心愉快地干好本职工作。勤业是指要用认真负责、勤奋努力的态度对待工作，坚守岗位职责，并把岗位责任转化为自己的职业道德责任。精业是指要对本职工作精益求精，熟练地掌握职业技能，精通本职工作业务，成为本职岗位上的行家里手。乐业是爱岗敬业的前提，勤业是爱岗敬业的保证，精业是爱岗敬业的条件。爱岗敬业要做到如下几点。

1. 树立职业理想

职业理想是指人们对未来工作部门和工作种类的向往以及对现行职业发展将达到什么水平、程度的憧憬。职业理想具有初级、中级和高级三个层次。初级层次职业理想是为了维持自己和家庭的生存，过安定的生活，是人们对职业的最初动机、最低要求，具有普遍性；中级层次职业理想是人们希望从事适合个人能力和爱好的工作，以充分发挥并提高自己的各种素质，具有因人而异的多样性；高级层次职业理想是通过社会分工把自己的职业理想同为社会、为他人服务联系起来，其工作的目的是承担社会义务。这三个层次的内容和要求虽然有明显的区分，但在一个人的身上是可以同时存在的。作为新时代知识型员工，个人职业理想的确立，必须根据社会发展的需要和个人内在的条件来确定，任何脱离社会发展的客观需要和自身所具备的条件而自我设计的职业理想都是不切实际的，都不具备实现的可能性。一般来说，职业理想的层次越高，就越能发挥自己的主观能动性，对社会的贡献也就越大。

2. 强化职业责任

职业责任是指人们在一定职业活动中所承担的特定的职责，包括人们应该承担的工作和义务，它是由社会分工决定的，往往通过行政甚至法律的方式加以确定和维护。职业责任具有明确的规定性，一般为社会所公认；职业责任与物质利益存在直接关系，个人在职业活动中承担职业责任的大小和完成任务的优劣程度决定着物质利益的多少；职业责任具有法律及纪律的强制性，各行各业中的每种职业责任都直接关系到社会其他方面责任的实现，因此要有强制手段来保证职业责任的履行，以推动整个社会的发展。任何一种职业都把忠于职守作为从业人员最基本的职业道德要求，从业者应该加强责任修养，强化职业责任意识。

3. 提高职业技能

职业技能是人们进行职业活动、履行职业责任的能力和手段，由体力、智力、知识、技术等因素构成，努力提高自己的职业技能是爱岗敬业的具体要求。它的形成通常要具备三个条件，即人的先天生理条件、人的职业活动实践和职业教育。正如我们推行的劳动预备制培训，就是培养预备制人员职业技能的重要渠道。

二、诚实守信

故事品鉴

海尔集团创立于 1984 年，当时是一个亏损 147 万元的集体小厂，“砸冰箱”的故事改变了这家不知名小厂的命运。1985 年 12 月的一天，时任青岛海尔电冰箱总厂厂长的张瑞敏收到一封用户来信，反映工厂生产的电冰箱有质量问题。张瑞敏带领管理人员检查了仓库，发现仓库的 400 多台冰箱中有 76 台不合格。张瑞敏随即召集全体员工到仓库开现场会，问大家怎么办？当时多数人提出，这些冰箱是外观划伤，并不影响使用，建议作为福利便宜点儿卖给内部职工。而张瑞敏却说：“我要是允许把这 76 台冰箱卖了，就等于允许明天再生产 760 台、7 600 台这样的不合格冰箱。放行这些有缺陷的产品，就谈不上质量意识。”他宣布，把这些不合格的冰箱要全部砸掉，谁干的谁来砸，并抡起大锤亲手砸了第一锤。砸冰箱砸醒了海尔人的质量意识，砸出了海尔“要么不干，要干就要争第一”的精神。在 1988 年的全国冰箱评比中，海尔冰箱以最高分获得中国电冰箱史上的第一枚金牌。在海尔的发展中，质量始终是海尔品牌的根本。如今，海尔冰箱已经成为世界冰箱行业中销量排名第一的品牌，海尔集团已经成长为世界第四大白色家电制造商。

点评

海尔集团从一个不知名小厂走出国门、走向世界的故事给我们职业人的启示是：在职业活动中一定要做到诚实守信。

（一）诚实守信的内涵

诚实守信是做人的基本准则，也是社会道德和职业道德的一个基本规范。

诚实就是表里如一，说老实话，办老实事，做老实人。

守信就是信守诺言，讲信誉，重信用，忠实履行自己承担的义务。

诚实守信是各行各业的行为准则，也是做人做事的基本准则，是社会主义最基本的道德规范之一。

> **提示**
>
> 国有诚信必兴，家有诚信必和，人有诚信必贤。

（二）诚实守信的要求

1. 诚实守信对个人是立人之道

诚信是一个道德范畴，是公民的第二张“身份证”，是日常行为的诚实和正式交流的信用的合称。即待人处事真诚、老实、讲信誉，言必信、行必果，一言九鼎，一诺千金。

诚实守信是中华民族的传统美德，是立人之道，要求职业劳动者在职业活动中应做到信守诺言、表里如一、言行一致。表现在职业劳动中就是诚实地劳动，竭尽所能，出满勤，干满点，不消极怠工，不推诿责任，不偷奸耍滑；表现在业务活动中，就是说到做到，信守承诺，重合同、守信用，不弄虚作假，不说谎骗人，不偷工减料，不以次充好。

2. 诚实守信对企业是修业之本

市场经济是建立在信用基础之上的，信守契约正是市场经济的内在要求。然而，在从传统经济向市场经济转轨的过程中，在新的市场道德秩序尚未完全形成前，道德的欺诈和由此引起的信用危机极易发生。这就更需要我们每一个职业劳动者遵循诚实守信的道德规范，为市场经济的健康发展起到积极的促进作用。因此，必须把诚实守信置于职业活动的首位，才能为市场经济健康有序地发展提供坚实的道德基础。

从市场反映出的情况来看，无照经营，商标侵权，制假售假，合同欺诈，虚假招标，骗税逃税，伪造假账，恶意拖欠，变相传销等，种种行为似“病毒”一样侵蚀着社会的肌体，如“沙尘暴”一般吞噬着信用的“绿洲”。不讲诚信、欺骗欺诈已成为人人痛恨的一大公害，成为制约社会主义市场经济健康发展的一大障碍。比如大家熟知的三鹿毒奶粉事件，毁掉的是整个国家的奶业，危害的是国家、人民的最直接利益。“言而无信，行之不远。”大量事实证明，制假售假、坑蒙拐骗，可逞一时之快，得一时之利，但必以东窗事发、身败名裂而告终。诚信，不仅牵涉经济领域，还直接影响人心。

图 2—3　不诚信经营的典型反面教材

诚信建设是每个人的事，也是全社会的事。这就需要大家积极参与，添砖加瓦，从我做起，从现在做起，从具体的事情做起。要想更快更好地发展社会主义事业，必须提倡人人讲诚信，个个以诚信待人待事。提高全社会的诚信水平，人人有责，人人有利；个个出力，个个受惠。不欺骗，不隐瞒，才是正确的人生态度。远离尔虞我诈，圆滑世故，多一份真诚的感情，多一点信任的目光，脚踏一方诚信的净土，就可浇灌出人生最美丽的花朵，构筑起人生坚不可摧的铜墙铁壁。

三、办事公道

故事品鉴

有这样一个故事：在美国的某个乡村有个小酒吧叫芬格斯酒吧，老板是个犹太人。美国前国务卿基辛格是犹太人的后裔，一次，他想去这个酒吧体会一下犹太人的民风，前一天他打电话给芬格斯酒吧老板说会带 10 个随从去光顾酒吧，到时请老板把其他的顾客都赶走。芬格斯酒吧的老板当即拒绝了他的要求，并说自己的酒吧十多年来一直是依靠这些老顾客才生存下来，让他赶走顾客他做不到。基辛格只好遗憾地放下了电话。这件事被当时正在酒吧消费的顾客传为美谈，芬格斯酒吧因此生意更兴隆了，并在当年被评为世界优秀酒吧前 15 名，它是其中最小的酒吧，其获奖理由是：对顾客一律平等！

点评

很多人都会说，办事公道是针对政府官员和管理人员提出的要求，其实不然，作为各行各业的普通从业人员也要恪守这一职业道德。

（一）办事公道的内涵

办事公道就是指人们在办事情、处理问题时，要站在公正的立场上，对当事双方公平合理、不偏不倚，不论对谁都是按照一个标准办事。公道与公平、公正，含义大致相同，意指坚持原则，按照一定的社会标准、实事求是地待人处事。

有人可能会以为我们将来都是服务者，不是权力部门，不存在办事公道的问题。其实则不然。由于社会的分工，我们所处的社会时时处处都有责、权、利的存在和诉求，所以未就职先了解办事公道的意义和要求同样非常重要。

> **提示**
>
> 古人云："治世之道为平、畅、正、节。天下为公，众生平等，机会均等，一视同仁；物尽其力，货畅其流，人畅其思，不滞不塞；上有正型，下有正风，是非分明，世有正则；张弛疾徐，轻重宽平，皆有节度。"

公正是几千年来为人所称道的职业道德，人是有尊严的，人们都希望自己与别人一样受到同等的对待，企盼在法律面前人人平等，自古就有"王子犯法与庶民同罪"的说法。

当前我们正处于市场经济的大潮中，市场经济中有平等互利原则，这体现了买卖双方的平等地位。因此，在经济领域中就要求处事公平、办事公道。如今人们的法制观念、民主意识日益增强，要求我们办事必须公道，否则，不仅威信扫地，还会受到投诉，重者可能会被诉诸于法律。

人们生活在世界上，都要与人打交道，都要处理各种人际关系，这就存在办事是否公道的问题，每个从业人员也都涉及办事公道问题。

比如，一个服务员接待顾客不以貌取人，无论对于那些衣着华贵者，或是衣着平平者，对不同国籍、不同肤色、不同民族的宾客都能一视同仁，同样热情服务，这就是办事公道；一位售货员，无论是对那些一次购买上万元商品的大主顾，还是对一次只买几元钱小商品的人，同样周到接待，这就是办事公道。

需要注意的是，我们所讲的公平并不是平均。在计划经济体制下，认为平均就是公平，不平均就是不公平，这是非常片面的。公平是指人们的社会地位的平等，受教育的权利、劳动的权利的平等，多劳多得，少劳少得，不劳动者不得食，每个人都一样，没有特权。

另外，我们所讲的公正与传统的公正有本质的不同，但是，其出发点是相同的，都是为了保证每个人在社会上的合法地位和平等权利。如果办事不公正，徇私舞弊，势必会损害平等竞争的原则，形成不正当竞争，造成新的不平等，就会对社会各方面产生消极的影响，最终会阻碍社会经济的发展。

（二）办事公道的要求

办事公道是处理职业内外关系的重要行为准则。它要求从业者在职业活动中坚持工作原则，做到办事公开、公平、公正，做到办事合法、合情、合理，并充分体现追求公正，维护公共利益的精神。

其一，办事公开、公平、公正。

办事公开是指一切有关职业活动的工作原则、规章制度、办事程序等，除涉及国家机密或商业秘密等之外的内容，都应当公之于众，增加透明度。这样，便于社会公众据此监督、评价从业者的职业行为，并促使从业者提高工作效益，纠正工作失误，更好地服务群众。

办事公平是指在职业活动中做到平等待人，秉公办事，对服务对象不论亲疏、贵贱、贫富或个人好恶均一视同仁，公平对待。这样，可使社会公众平等地享有因交换服务而应得的权利，实现权利和义务的统一，并有利于维护行业的道德信誉和整体利益。

办事公正是指在职业活动中应始终坚持工作原则和办事制度，做到处理事情正确无误，工作作风严谨正派，不滥用职权、以势压人、假公济私、玩忽职守。这样，有利于提高职业工作的质量和效率，避免或减少工作失误，为服务对象提供更优质的服务，取得更好的工作效果和成绩。

图 2—4　工作中互相推诿的反面教材

其二，办事合法、合情、合理。

办事合法，无疑是符合坚持工作原则，遵循规章制度和办事程序的要求的，但从业者在坚持工作原则的前提下还应做到原则性和灵活性的有机结合，即做到办事合法又合情合理。比如，工作时间的规定，对所有人都是一视同仁的、公平的，但如果刚好在下班时有顾客前来要求提供服务，那么在可能的情况下牺牲一点个人时间为顾客解决困难，这并不违背工作原则，因为这样既满足了服务对象的需要，又维护了职业群体的良好形象。如果不顾实际情况，只是拘泥于形式上、文字上的规则章程，失去对工作原则的根本精神的领会，则显得不合情理，于事无益。

因此，办事公道是企业活动的根本要求。

办事公道是企业能够正常运行的基本保证；是企业经营过程中正确处理管理者之间、管理者与被管理者之间、从业人员之间关系的重要准则；是促进彼此信任，加强相互之间的协作，保证企业各个环节紧密衔接，使企业得以高效运行的重要条件；是企业赢得市场，生存和发展的重要条件。当今企业的发展方向已不再是单纯的商品提供者，而是越来越重视加强企业文化和企业人格的发展。办事公道是抵制行业不正之风的重要内容，要有效地纠正和坚决抵制行业不正之风，关键是要提倡廉洁奉公、办事公道的职业道德。每个职业劳动者应在职业工作中，确立职业工作者应姓“廉”不姓“贪”的观念，努力做到按原则办事，以自己的实际行动抵制和反对不正之风。

办事公道也是劳动者应具备的职业品质。

办事公道是从业者应具备的职业道德品质的重要方面。这不仅是社会主义精神文明建设的要求，也是市场竞争条件下企业生存和发展的要求。因此，每个从业人员都要自觉地把国家和企业的利益放在第一位，出色地完成本职工作，不能为了个人私利而损害国家和企业的利益，丧失原则，徇私情，谋私利，坑害国家，坑害集体。

办事公道从更深层次的意义上讲，还体现在追求社会公正，维护公共利益的根本要求上。当国家利益、集体利益和个人利益之间处于没有矛盾冲突、和谐一致的情况时，职业活动对三者利益的兼顾和满足是符合办事公道的道德要求的。而当三者利益发生矛盾冲突时，则应以国家利益、集体利益为重。因此，当职业劳动者面对道德冲突需要做出道德选择时，应遵循献身社会主义事业，为人民群众服务的职业道德原则，顾大公、舍小私，把追求社会公正维护公共利益作为办事公道的第一要义。

四、服务群众

故事品鉴

李素丽是一名公共汽车司机的女儿。当了售票员后，李素丽在父亲的教育下，在周围同事的感染和帮助下，她渐渐地爱上了售票员工作。从60路调到21路后，李素丽通过多年的实践和一点一滴的积累，练就了能根据乘客的不同需求，给他们最需要的服务的本领。老幼病残孕，最怕摔怕磕怕碰，李素丽就主动搀上扶下；上班族急着按时上班，李素丽见到他们追车就尽量不关门等他们；外地乘客既怕上错车，又怕坐过站，李素丽不仅百问不烦，耐心帮他们指路，还记着到站提醒他们下车；遇到人生地不熟的乘客，李素丽从来不跟他们说“东西南北”，而是用“前后左右”指路，让乘客更容易明白；中小学生天性活泼，李素丽总要提醒他们车上维护公共秩序，车下注意交通安全；遇到堵车，她就拿出报纸、杂志给乘客看，以缓解他们焦急的心情；看到有人晕车或不舒服想吐，她会及时地送上一个塑料袋；遇到不小心碰伤的乘客，她赶紧从特意准备的小药箱里拿出常备的“创可贴”；姑娘们夏天穿着长裙上下车，她忘不了提醒她们往上拎一拎，以免被后面的人踩上摔跟头。李素丽就在这平凡的岗位上，用自己日复一日的劳动给人们带来真诚的笑脸、热情的话语、周到的服务和细致的关怀。李素丽售票台的抽屉里总是放着一个小棉垫，是她为抱小孩的乘客准备的，有时车上人多，一时找不到座位，李素丽就拿出小棉垫垫在售票台上，让孩子坐在上面。她的售票台旁的车窗玻璃在进出站时总是敞开的。即使下大雨，她也要把车窗打开，伸出伞遮在上车前脱掉雨衣、收拢雨伞的乘客头上。李素丽习惯在车厢里穿行售票，尽管总是挤得一身汗，可她却说：“辛苦我一个，方便众乘客。”公共汽车是一个流动的小社会，车上什么样的乘客都有。特别是在早晚上下班高峰期间，车厢拥挤、嘈杂，有时还会发生矛盾和口角。李素丽往往几句话就能化解一个个矛盾。对待一些不讲理的乘客，李素丽也是以礼待人，以情感人。一次，有个小伙子上了车就往干干净净的地板上吐了一口痰。李素丽轻声提醒他不要随地吐痰。不想气呼呼的小伙子又吐了一口。这时，李素丽没有再说话，走过去，掏出纸把地板上的痰迹擦干净。在全车人的注视下，小伙子脸红了，下车时连连道歉。

点评

有了群众的需要，才有了我们赖以生存、发展的职业。李素丽的故事告诉我们，要尊重服务对象的差异性，时刻以方便群众来指导自己的职业行为，才能从真正意义上做到服务群众。

（一）服务群众的内涵

所谓服务群众，就是为人民群众服务。

服务群众指出了我们的职业与人民群众的关系，服务群众是职业行为的基本要求。社会中任何职业都有其服务对象，离开了服务对象对该职业的共同需求，该职业便不复存在。广大人民群众的不同服务需求，为各行各业的生存发展提供了前提条件。因此，在我们的社会中，所有职业的共同服务对象就是人民群众，职业行为的本质就是服务群众。

服务群众是为人民服务思想在职业活动中的具体表现，它表现了社会主义职业活动的目的。服务群众不仅是对领导机关、领导干部的要求，也是对每一个从业者的要求；服务群众不仅是对服务性行业的要求，也是对各行各业的共同要求。一切依靠人民群众，一切服务于人民群众，是我们党的群众路线的重要内容。服务群众是党的群众路线在社会主义职业道德中的具体表现。

> **想一想**
>
> 群众路线是党的生命线和根本工作路线，是党永葆青春活力和战斗力的重要传家宝。开展党的群众路线教育实践活动，是党的十八大作出的重大决策部署。

（二）服务群众的要求

服务群众的要求包括两方面的内容：

一是尊重群众利益。群众是从业者的衣食父母，每一个职业劳动者，都应当感谢人民群众，尊重人民群众，为人民群众的利益着想。每一个职业劳动者都具有双重角色，既是服务者又是被服务者。比如教师既是学生的服务者，又是工人、农民、医生的被服务者。可见，服务群众的主体和对象是平等的，一个职业劳动者在享受他人为自己服务的权利时，也理应尽到为他人服务的义务。尊重群众，也是尊重自己，维护群众利益，也是维护包括自己在内的每一个劳动者的利益。因此，那种认为服务群众是一种施舍，看不起群众，认为群众要求服务是有求于我，动不动就要职业特权，摆行业威风的思想和行为，都是极为错误的，有悖于职业道德的。

二是方便群众，满足群众的需要，为群众提供优质服务。这是服务群众的具体要求，也是尊重群众，维护群众利益的体现。方便群众，就要在服务过程中尽力为群众排忧解难。比如，商业工作者应考虑如何为顾客提供更加方便、快捷、舒适的购物环境；机关工作人员应考虑如何合理地安排工作时间，简化办事程序，提高办事效率，方便群众办事。总之，在职业活动中，把方便留给群众，把困难留给自己，更好地满足群众的要求，是服务群众的应有之义。

五、奉献社会

故事品鉴

1980 年出生的高举稳，是来自河南在青岛市城阳区创业的年轻人，开着一家小小的足疗店，他店里有一条特殊“规矩”：为 70 岁以上老人服务一律免费。每周，他都要抽出一天到敬老院，为老人们推拿、足疗、修脚，大家都称他为“最美修脚工”。

“俺活了九十了，头一回享这么个福。”这是高举稳最常听到的赞美，他给老人们服务从不惜力，每次按摩都按足 45 分钟，夏天出一身汗，冬天飘一脑袋白雾。有些老人长灰指甲许多年了，隔老远都能闻到一股味儿。高举稳毫不嫌弃，把老人的双脚捧在怀里仔细观察，怕老人紧张，就给老人把双腿、双脚敲敲揉揉按按，感觉到怀里那双腿脚不再僵硬颤抖了，才掏出修脚工具细细修剪。

去的次数多了，对于敬老院或者孤寡老人的情况，高举稳心里记了一本账。“20多天了，又应该再到这个敬老院走一趟了，好几个老大爷有灰指甲，上次修了这回去看看怎么样了，再给修剪修剪。”如此种种，不用敬老院的老人们惦记，到了该修剪的时候，他一准笑眯眯地出现。

凭着一腔热情和精湛的修脚手艺，高举稳连续六年给上千名孤寡空巢老人义务修脚，陪老人聊天，当起了老人们的“贴心小棉袄”。

如果说以前高举稳只是热心为老人们做点事，那么从2009年起，他是真正把奉献社会当作发自心底的愿望。那一年，高举稳因为交通事故头部受伤，生命垂危，需要大笔治疗费用，青岛市市民知道他的事迹和情况后，自发为他捐款，青岛市城阳区的“微尘之光”公益团也向社会募集款项3万多元，解了他的燃眉之急。痊愈后，高举稳对社会充满了感恩。“从那时起我就下定决心，我也要做一粒‘微尘’，奉献社会”。

他不断加入各种公益组织，哪里有关爱老人的活动、有公益行动，哪里就有他忙碌的身影。他做过奥帆赛安保义工、清理浒苔义工，参加清扫卫生、关爱未成年人等多种志愿活动，义务献血6次，资助环城路小学的一名贫困小学生，加入“寸草心”“微尘之光”等多个慈善组织。最近，他又忙着收集朋友们的闲置衣物，向有需要的贫困老人捐赠。

为了做公益，高举稳放弃了很多赚钱的机会，可他从不后悔。不仅如此，他还发动同行和朋友们一起做好事，通过互联网发动热心网友到需要的地方献爱心。现在，越来越多的人被他的精神感动，被他的热情感染，加入到学雷锋的队伍中。

点评

平凡的足疗按摩师，也能在自己的岗位上找到奉献社会的途径，并以此为乐，在实现个人利益的同时，仍不忘用一技之长回报社会。

（一）奉献社会的内涵

奉献社会，是社会主义职业道德的最高要求。它要求从事各种职业的人，努力为社会做贡献，为社会长远的利益，不惜牺牲个人的利益。因此，它也是一种高尚的社会主义道德规范和要求。奉献社会的精神是一种忘我的全身心投入精神。当一个人专注于某种事业时，他关注的是这一事业对于社会的意义，就会为事业而兢兢业业、任劳任怨，不计较个人得失，甚至不惜献出自己的生命。

职业是国家利益、公众利益、行业利益与从业者个人利益的交汇点。如果行业不为社会服务，行业就将失去存在的价值，从业者也将无用武之地。职业是社会分工的产物，每一项职业，都有其特殊的社会功能，即以其职业劳动特定的内容和作用满足社会发展某一方面的需要。服务社会是职业劳动者应承担的社会义务。职业劳动者在各自的岗位上承担责任，做出贡献，是保证各种职业发挥其社会功能的基本条件。

> **提示**
>
> 奉献社会是社会主义职业道德的最高要求，是为人民服务和集体主义精神的最好体现。

因此，职业劳动者所承担的职业责任和做出的职业贡献，实质上就是他们对社会应尽的义务，从他们从事各自职业的第一天起，他们就理所当然地对社会承担起了这种义务。每一个职业劳动者，都应当在自己的职业岗位上勤奋工作，努力创造，为社会的发展进步，为人民的富裕幸福，做出应有的奉献。因此，服务社会是从业者必备的职业道德。这一规范要求从业者艰苦创业，忘我工作，不怕困难，勇于进取，开拓创新；以人为本，服务社会，在服务社会中实现自身的价值。

图 2—5　企业员工利用休息日做义工，服务社会

（二）奉献社会的要求

奉献社会的基本要求就是要坚持把公众利益、社会效益摆在第一位，这是每个从业者职业行为的宗旨和归宿。公众利益，一般指社会上多数人的利益。社会效益一般指人们的行为或活动对社会生活和生态环境所造成的各方面效果的总和。

1. 自觉把公众利益、社会效益摆在第一位

从业者在职业生涯中，无论在什么情况下，应始终不忘奉献社会，抛弃那种单纯为谋生，单纯从业的态度，拒绝那种有损于公众、有损于社会、有损于国家的职业行

为。徐虎对奉献有这样一句话：“你不奉献，我不奉献，谁来奉献？你也索取，我也索取，向谁索取？”对于奉献社会，首先，每个人要从自我做起，要有奉献意识，时刻牢记全心全意为人民服务的宗旨。其次，要有奉献的行为，把远大的理想和为人民服务的实践结合起来，满腔热情地为群众排忧解难，办实事。

2. 自觉处理好“义”和“利”的关系

新时期要做到奉献社会，就要处理好“义”和“利”的关系，处理好社会效益和经济效益的关系，处理好个人利益和单位利益、个人利益和社会效益的关系，把奉献社会的职业道德规范落到实处。

21 世纪对从业者的职业道德素质提出了更高的要求，践行“爱岗敬业、诚实守信、办事公道、服务群众、奉献社会”的职业道德规范是为人民服务的行动体现。只要我们树立了为人民服务的思想，坚持把集体的利益放在第一位，掌握并遵守职业道德基本规范，就能在职业生活中立于不败之地，就能立足岗位，服务群众，奉献社会。

第二节　职业道德修养

职业道德修养是一种自律行为，关键在于“自我锻炼”和“自我改造”。任何一名从业人员，职业道德素质的提高，一方面靠他律，即社会的培养和组织的教育；另一方面就取决于自己的主观努力，即自我修养。两个方面是缺一不可的，而且后者更加重要。

一、职业道德修养的含义

修养是一个合成词，修，原意指学习、锻炼、陶冶和提高；养，原意是指培养、养育和熏陶。所谓修养是指一个人的素质经过长期锻炼或改造所达到的一定结果和水平。

职业道德修养，是指从事各种职业活动的人员，按照职业道德基本原则和规范，在职业活动中所进行的自我教育、自我改造、自我完善，使自己形成良好的职业道德品质和达到一定的职业道德境界，是一种自律行为。

二、职业道德修养的途径

加强职业道德修养，提高职业道德水平，不仅是建设和谐社会、实现中国梦的基本要求，也是形成职业个体和群体美好形象、促进行业兴旺发达的内在要求。提高职业道德修养应着重抓好三点：一是要把树立为人民服务的思想作为职业道德修养的根本点；二是要把日常行为规范养成作为职业道德修养的重要内容；三是要把职业道德修养与激励和法规约束结合起来。具体为以下五个方面。

（一）自信、自立，自觉修养

在职业道德修养上，自觉是非常重要的，人一旦有了自觉性，就能在道德活动中处处留心，时时提醒自己，严格要求自己，完善自己的职业道德品格。德国哲学家康德，活了 80 岁，一生奉献于哲学。他每天走出朴实无华的书房，徒步到大学，忙于他的哲学研究，生活规律不曾改变，真正做到了数十年如一日，他对“时间”的控制，有如一位科学家，分秒不差。他每天必在早晨 5 点起床，晚上大约在 10 点就寝，这个严格的生活习惯，他始终严守不渝。康德严于控制时间的习惯，关键在于他有很强的自我控制能力和强烈的自律意识。良好的习惯一经形成就是终身受用的资本；反之，不良的习惯则会成为一生的羁绊，阻碍自己的发展。一个整天喜欢蒙头大睡的人，不可能在梦中成就他的事业。

> **提示**
>
> “纸上得来终觉浅，绝知此事要躬行。”进行道德修养也是如此。

即将择业、入职的劳动预备力量正处在人生的十字路口，自我管理和约束能力相对较差，但具有很强的可塑性和可引导性，若能从自己内心培植职业道德的土壤，建立长效自我约束机制，就会在工作中爱岗敬业、谦逊礼让、严于律己、宽以待人；在感情上，以为社会多做贡献为荣，以自己的劳动成果能为社会和他人带来幸福为乐，从而更好地在自我教育中提高职业道德水平。

（二）加强学习，瞄准发展目标

学习职业道德理论与参加社会实践活动相结合是提高职业道德修养的根本方法。学习理论，首先，要学习马克思列宁主义、毛泽东思想、邓小平理论、“三个代表”重要思想和科学发展观，只有学习和掌握了科学理论，才能坚持职业道德修养的正确方向。其次，要学习职业道德基本理论和原则规范，明确职业道德的目的、方向、原则，才能提高职业道德修养的主动性和自觉性，培养起相应的职业道德情感、意志、信念，形成良好的职业道德行为习惯。实践证明，参与培训的学员在培训时表现越好，体验就越深刻，在工作岗位上的表现就越优秀，也就越符合职业道德规范，并能很好地指导社会实践。

学习还要学有方向，赶有目标。新时期，社会主义精神文明建设呈现出积极健康向上的良好态势，为人民服务精神日益发扬光大。社会职业道德风尚发生了可喜变化，涌现出王启民、徐虎、邱娥国、李素丽、许振超等楷模，为我们加强社会主义职业道德修养树立了榜样。劳动预备人员要虚心了解职业模范的典型事迹，不但要向这些模范人物学习，还要向身边的老师、同学、工厂的师傅学习，学习他们的长处，克服自己的缺点，把职业道德境界提高到一个新的高度。

案例

金牌工人许振超

全国劳动模范许振超是青岛港一名桥吊司机、桥吊队队长，三十年如一日，练就一手绝活，他和他的桥吊队一年内两次刷新世界集装箱装卸纪录，创造了“振超效率”，总结出富有成效的“振超工作法”，在全国乃至世界航运界引起强烈反响。

点评

从一名普通的工人成长为全国闻名的金牌工人，许振超是为国家、社会奉献的典型代表，是我们即将入职的新生代学习的榜样。

（三）积极参加社会实践活动

参加社会实践，是提高职业道德修养的根本途径。人的道德品质不是与生俱来的，是在长期的社会实践中逐步形成和发展的。实践是人们养成道德品质的源泉，也是进行职业道德修养的目的和归宿。青少年在学习职业道德理论的基础上，只有不断融入社会，把自己的学习和社会实践活动联系起来，才能更深刻地认识自身的价值所在，正确审视自己的不足，并在社会实践中锻炼自己，陶冶自己，完善自己，最终完成职业道德品质的提高。

（四）内省与慎独

内省，就是内心省察检讨，去除私心杂念，使自己的言行规范于道德标准的要求，树立正确的道德观念。一个人只有在内心严于解剖自己，行为上善于反省自己，才能成为一个符合时代精神的有高尚职业道德的人。劳动预备制学员在提高自身道德修养的同时，应该经常内省，善于认识自己，勇于正视自己的缺点，敢于自我批评，自我检讨，并决心改掉缺点，扬长避短，在实践中不断完善自己的职业道德品质。古人说的“吾日三省吾身”就是这个意思。

慎独，就是指在无人监督的情况下独立工作，自行其是，仍然能谨慎地遵守道德原则而不做坏事。它是我国伦理思想史上一个特有的范畴，既是一种道德修养方法，又是在修养中达到的一种崇高境界。《中庸》中写道：“道也者，不可须臾离也，可离非道也。是故君子戒慎乎其所不睹，恐惧乎其所不闻。莫见乎隐，莫显乎微。故君子慎其独也。”大意是，一个有道德的人，要做到在别人没看见的时候．能够谨慎行事，在别人不能听到的时候，能够警惕，不要以为隐蔽和微小的过失，就可以去做。因此，独自一人时，同样要谨慎行事，防微杜渐，自知自爱，把握住自己。山东省有一座四知庙，据说是纪念东汉名臣杨成的。杨成在赴任东莱太守时，路过昌邑县，县令王密，深夜只身送上黄金 10 斤。杨成很生气，埋怨王密不该这样做。王密却说，深夜无人知晓。杨成发火道：“天知、地知、你知、我知，何谓无知者？”王密听后，惭愧而去。杨成的故事体现的就是道德修养中的“慎独”。作为当代青年，能否做到慎独，以及慎独所能达到的程度，是衡量大家是否坚持自我修养以及在修身中取得成绩大小的重要标尺。慎独不仅要求在他人面前、领导面前能按职业道德行事，即使在别人不知道的情况下，也能自觉地做好事，只有这样，才能在新形势下始终保持清醒的头脑，经受住各种考验，模范地遵守职业道德，做一个具备高尚职业道德品质的新型劳动者。

想一想

慎独是一个人圣洁内心世界的反映，展现出高尚的人格力量和道德品质。

（五）从小事做起，循序渐进

中国古代最有影响的思想家之一孟子在道德修养方法和培养高尚道德情操上有很深刻的论述，他认为，修身养性，培养浩然之气，并非深奥玄妙之事，而是要从身边事做起、从小事做起，把内心德行修炼与现实生活紧密结合起来，避免不切实际的高谈阔论。等待上岗、就业的多属于中学和高中毕业的青少年，正处在培养良好职业道德和练就技能本领的大好时期，只有在平凡的日常学习生活中从点滴小事做起，通过长期积累，才能逐步培养、形成优秀的道德品质。因此，在道德修养中，要从我做起，严格要求自己，不能因为他人没有做到而原谅自己或自己也不去做；也不能因为社会存在不正之风，还有许多不道德的现象出现而放纵自己、原谅自己，甚至放松对自己的要求。相反，更应该高标准、严要求，朝着高尚的职业道德境界去追求，只有这样，才能自觉形成一种道德习惯，形成良好的职业道德

提示

勿以恶小而为之，勿以善小而不为。

信念和品质。

当前，人们的思想道德观念发生着很大变化，职业道德建设面临着新的形势和许多新的问题。尽管如此，职业道德修养仍然是职业道德建设中的一个重要方面，对于个人道德品质的形成和发展都具有重要的作用。社会需要数以亿计的高素质劳动者，作为当代青年更应主动承担，从我做起，从小事做起，不断提高自己的职业道德修养水平，向更高的职业道德水准迈进。

拓展训练——信任背摔

一、活动项目“信任背摔”设计及描述

1. 项目名称：信任背摔（见图 2—6 和 2—7）。
2. 项目性质：场地项目（个人挑战与团队合作）。
3. 适用对象：11 人（含 11 人）以上，男士 5 人（含 5 人）以上。
4. 项目时间：40 分钟左右（根据人数和实际情况而定）。

二、项目活动宗旨

1. 增进团队成员之间的情感交流，及时打破个体、团队成员之间的隔阂。
2. 建立相互信任、责任担当的团队氛围。
3. 分析个体表现、团队表现，分享感受与收获，修炼职业素养。

三、活动要求

1. 确认团队成员身体健康，无隐患。
2. 强调团队合作。
3. 确认所有人员去掉佩戴的首饰、配饰等物品。
4. 确保口令与行动的一致。
5. 准备必要的防护措施和设施。
6. 团队有组织地分享成果和记录活动过程。

图 2—6　信任背摔的示例图

图 2—7　信任背摔的分享环节示例图

第三章　行业职业道德及要求

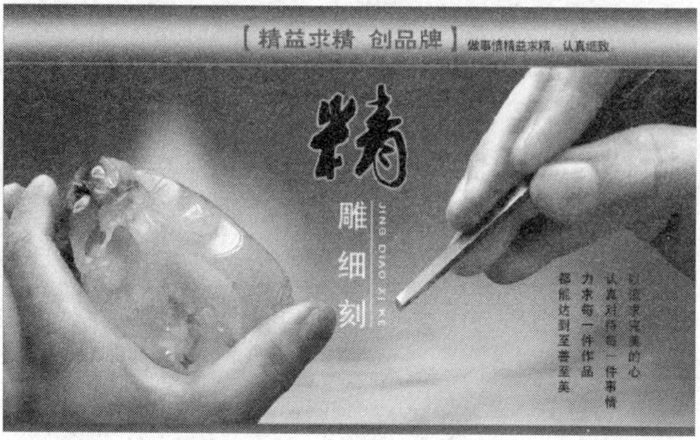

图 3—1　精益求精

社会有分工，行业有差异。职业道德能促进行业形成良好的道德风尚。各行各业要想树立良好的职业道德风尚，成为服务行业的典范，必须依靠加强行业从业人员的职业道德教育，使行业从业人员逐步形成良好的职业道德风尚，促进行业事业的可持续发展。

第一节　服务行业职业道德

行业职业道德通常是指职业道德在各种行业的具体应用，是工作人员在工作岗位上，通过言谈、举止、行为等，对服务对象表示尊重和友好而应遵守的行为规范。也就是说，是工作人员在自己的工作岗位上向服务对象提供服务的标准的、正确的做法。

行业职业道德具有针对性和适应性，反映着特定的职业和行业的关系，具有特定职业的业务特征，其职业道德规范只对从事特定职业和行业的人们具有约束力，在表现形式上通常以规章制度、工作守则、服务公约、劳动规程、行为须知等形式表现出来，要求更明确。

比如，商业领域的职业道德强调买卖公平，诚信无欺，尊重顾客，优质服务；要求营业员注意语言修养，做到举止文雅，说话和气，接待顾客要主动、热情、耐心、周到，树立起职业责任感和荣誉感等。

为适应社会主义市场经济的发展，正确反映国民经济内部的结构和发展状况，国家统计局按照产品的统一性对产业进行了分类，2011 年修订了《国民经济行业分类》(GB/T 4754—2011)，成为我国各领域对行业进行分类的基础。这种新的分类方法将社会经济活动划分为门类、大类、中类和小类四级。大的门类分为从 A 到 T 共 20 类：包括了农、林、牧、渔业；制造业；建筑业；交通运输、仓储及邮电业；批发和零售业等。

俗话说“三百六十行，行行出状元”。是什么力量在支配着各行各业的从业人员在自己所从事的职业岗位勤奋工作，以实际行动为职业添彩，为行业增色。其实，这正是我们探讨的职业道德。鉴于行业的多样性，我们选取具有代表性的服务行业展开讨论，让大家对行业职业道德有具体的认识。

案例

迎刃而解

在某酒店总台，一位服务员正在给客人办理离店手续。

这时，总台电话铃响，服务员拎起话筒，她接到值班经理的电话，原来，915 房的预订客人即将到达，而现住 915 房的客人还未走，其他同类房也已客满。如何通知在房的客人迅速离店，而又不使客人觉得是在催促他，从而感到不快呢？

服务员一皱眉，继而一努嘴，拨通了 915 房间客人的电话。

“陈先生吗，我是总台的服务员，您能否告诉我打算什么时候离店，以便及时给您安排好行李员和出租车。”

915 房间陈先生回答道：“哈哈，我懂你的意思啦，安排一辆的士吧。”

就这样问题迎刃而解了。

点评

案例不仅反映出该工作人员的灵动，更通过问题的处理为多方客人留下良好的印象，侧面反映出从业者良好的职业素养。

服务行业职业道德是指从事服务行业的人在劳动和工作中应遵循的行为规范，是对各种从业人员规定的，起自我约束作用的行为准则。服务行业职业道德属于社会道德的范畴，它不是国家行政强制制定和强制执行的，其主要依靠服务行业人员的信念，习惯自己行业的文化、传统从而自觉遵守。当然，也靠社会的舆论力量和职业教育来维持。

一、服务行业职业道德的特性

（一）职业性

服务行业职业道德的内容与职业实践活动紧密相连，反映服务行业职业活动对从业人员行为的道德要求。

（二）稳定性

在不同的社会经济发展阶段，同样一种职业因服务对象、服务手段、职业利益、职业责任和义务相近而相对稳定，因此其职业道德要求也相对稳定。

（三）多样性

服务行业职业道德与具体的职业相联系，社会上有多少种服务行业职业就有多少种服务行业职业道德。

图 3—2　服务行业职业形象

无言的介绍信

章啸是某公司新进员工，他技术不错，工作上也挺卖力，就是穿着上太过时尚。平时即使是穿工作装，也穿得像明星一样，再加上他那双翘头皮鞋，更是“时尚前卫”。他把头发染成黄色，还一根根竖起来，衣服上还挂着不少叮当作响的金属配饰，非常有“派头”。同事们送了他一个雅号——“嚣张”。

有一次，公司派“嚣张”到一老客户家做机器检修，还没跨进客户家的门，对方就已经打电话到公司要求换人了。因章啸打扮得花里胡哨，像个混混，对于做技术工作，给贵重的机器做检修，客户实在放心不下，即使“嚣张”再三解释，也无济于事，直到公司派来其他职员才了事。

英国有一句格言：整齐、清洁的服装是无言的介绍信。衣着得体，不仅表示了对别人的尊重，同时也说明自己的专业、敬业的职业精神。现在年轻人重外表、爱穿戴，以为很有范，其实职业场合更看重得体、整洁、大方、规范。穿戴过度，会给人留下负面印象。

二、服务行业职业道德的要求

（一）工作自律

所谓“自律”，就是自我约束、自我管理。工作自律，不仅是服务人员的职业道德所在，更是做好服务工作的前提。自律工作要做到不迟到、不早退，遵守规章制度；珍惜工作机会，工作期间不做与本职工作无关的私事，注重工作规范和安全，保证工作质量和效益等。

（二）仪容自律

仪容就是指人的容貌。容貌是内在美、自然美、修饰美这三个方面的统一，在三者中，因为仪容的修饰美是最可以直接实现的，所以也是仪容礼仪关注的重点。

服务人员适当地修饰外貌仪容十分重要，它既能表示对客户的尊重，又能体现自尊自爱。它不仅是打扮和美容，实际上体现的是良好的精神面貌和对工作乐观、积极的态度。修饰仪容的基本原则是美观、整洁、简单、得体。所以，必须注意以下五点。

1. 头发

图 3—3 服务员的着装形象

要适当梳理，不能有头皮屑。发型要朴实大方，不烫发。男士鬓角不盖过耳部，头发前额不触及眉眼、脑后不触及后衣领。只有一种情况下可以染发：可以把白发染成黑色。

女服务人员一般不梳披肩发，发不遮脸，前刘海不遮眉眼。有些服务岗位可以适当染发，染成和黑色比较接近的颜色。一般齐耳的直发或微长稍曲的发型为宜。不要使用色泽过于鲜艳的发饰。

2. 面部

要注意清洁和适当的修饰。为了使自己容光焕发，显示活力，男性服务员每天都要剃净胡须（特殊的宗教信仰者除外），鼻毛应剪短；女士可以化浅妆、淡妆，不能浓妆艳抹，并避免使用气味浓烈的化妆品。无论男女，在干燥的季节里还要特别注意护理面部以保持面部清洁。

3. 指甲

作为服务人员，必须经常修剪和洗刷指甲，保持指甲的清洁，不可以留长指甲，也不宜涂有色的指甲油。指甲的长度，以自己张开手，从手心这一面看不到指甲为宜。

想一想

头发是人的第二张脸，一个好的发型既能为“丽人”锦上添花，又能使“凡女”秀美几许。

4. 首饰

服务工作岗位上，不提倡戴首饰。如果戴的话，讲究“宜少不宜多”，提倡全身的首饰不超过两种，总共不超过三件。可以戴质地较轻、体积不大、较细致的，如项链和戒指。有些服务行业鉴于安全、卫生的要求，比如医疗行业，餐饮行业一般不允许戴首饰（手表除外）。

5. 个人卫生

个人卫生是服务人员精神面貌的具体表现。个人卫生方面做到“三勤五忌”，即：勤洗澡、勤换衣裤、勤漱口；忌吃葱、蒜、韭菜、萝卜、臭豆腐等有刺激性气味的食物。如果不小心吃了这些东西，可以嚼口香糖、用漱口水漱口等方式减轻异味。

身体有异味，如狐臭、汗臭，可以用一点淡雅的香水。可以抹在耳朵后面或是手腕上的脉搏上，另外手臂内侧和膝盖内侧也是合适的部位。除了直接涂在皮肤上，也可以喷在衣服上，一般多喷在内衣和外衣内侧，裙下摆以及衣领后面。

（三）着装自律

人要衣装，佛要金装。在服务业，得体的着装会为服务工作增色，它不仅是个人素质、修养和品位的体现，还表现出服务人员对工作的重视、对客户的尊重，也是企业形象和企业文化的一种外在表现。

衣着是人们审美的一个重要方面。整洁、大方、美观的服饰有一种无形的魅力。服饰美在很大程度上取决于“协调”。即和自己的职业、身份、性别、体型相称，和周围环境场合相协调，讲究和谐的整体效果。

大部分行业的服务人员都有统一的制服（工作服），如医护人员、酒店饭店服务人员、银行柜台人员等。穿上醒目的制服不仅是对客户的尊重，而且便于客户辨认。同时，也具有一种职业的自豪感、责任感和可信度。

图 3—4　规范的职业制服装

制服一般都是既有款式、固定搭配，所以在穿着上有四点要求。

1. 整齐

合身的制服，必须要做到“四长”“四围”，四长：袖长至手腕、衣长至虎口、裤长至脚面、裙长至膝盖；四围：领围以插入一指大小为宜，上衣的胸围、腰围及裤裙的臀围以穿一套羊毛衣裤的松紧为宜；尤其内衣不能外露；不露、不掉扣；领带、领

图 3—5　员工整齐的着装

结、飘带和衬衫领口的吻合要紧凑且不系歪。

2. 清洁

衣裤无污垢、油渍、异味。领口和袖口尤其要保持干净，不清洁的制服是坚决不能穿着上岗的，否则只能给服务人员健康积极的形象抹黑，更不用说给客户提供专业而周到的服务了。

3. 挺括

制服还要求衣裤不起皱，穿之前要熨平，穿后挂好，做到上衣平整、裤线平挺。这样不仅美观，更容易衬托出服务人员良好的风度和气质。

4. 规范

制服无论是西装套装（裙）还是旗袍、连衣裙，都要按既有样式穿着，不要别出心裁，自已随意搭配甚至“再加工”，也不要任意卷挽袖口、裤腿。

三、服务行业优质服务的基本要求

优质服务是服务行业的基本要求，即体现员工的整体素质，又体现员工的职业道德水平。

（一）无差错

完成本行业（或本单位）所规定的服务项目，向顾客提供无差错的服务是形象塑造的基本要求。客观地说，服务行业从业人员在工作中出点差错是难免的。但是，差错哪怕只占企业全部工作的 1%，对于接受它的顾客来说，企业的服务也不能算是 100%优质。要创优质服务，服务行业从业人员就必须认真对待服务工作的每个环节，在服务中不出差错。服务中一旦出差错时，服务行业从业人员的态度就成为决定服务优劣的关键。对能知错就改的工作态度，顾客通常是能够谅解和接受的。

优质服务最忌讳的就是不正视、不纠正服务中的差错。例如：杭州某酒家的一名服务员曾为了证明顾客投诉的包子是干净的，便当众吃下了带鸡毛的包子。此事在全国引发了一场讨论。事实上，该服务员要维护企业声誉的出发点是好的，但最大的失误就在于其不能正视服务中出现的差错。因为出售不卫生的包子这是事实，企业责任是推卸不掉的。不正视错误和承担责任，就不能积极地纠正错误，确保今后的服务质量。因此，创优质服务，塑造形象，除了在服务时力争不出差错外，最重要的就是有一个知错就改的态度。

（二）热情高

清朝著名画家郑板桥一天到一座寺院游玩，负责接待的和尚看来客是个其貌不扬的小老头，随便说了一句“坐”，又对司茶叫了一声“茶”，就了事了。当郑板桥仔细欣赏几方碑刻的时候，和尚估计这老头是个读书人，于是就改口对郑板桥说“请坐”，回头对司茶说“泡茶”。后来，寺里来了一伙达官贵人，其中有人认识郑板桥，尊敬地喊“郑先生”，和尚这才知道小老头就是大名鼎鼎的郑板桥，马上跑上前去，鞠躬作揖，口里说“请上座，请上座”回头又大声对司茶喊“泡好茶”。这个故事活灵活现地勾画出这个和尚对“卑贱者”鄙视、对“高贵者”讨好的嘴脸。

在服务中，应热情友好、办事热心，急顾客之所急，想顾客之所想，对每一位顾客和每一笔生意都表现出极大的热忱，一视同仁，绝不能像那位和尚那样分人为三六九等。就服务而言，热情不仅包括情感上的热烈，如用微笑表达欢迎顾客的愿望等；也包括行为上的主动，如乘务员遇到行动不便的旅客上下车时主动搀扶一把等。前者毋庸赘言，后者则应提醒服务者重视。比如，宾馆服务台的工作人员告知一位老者要找的人在 6 楼时，看着老者吃力地攀上了楼梯。事后有人问服务员为什么不告诉老人在拐弯处可乘电梯上楼，服务员一脸疑惑地答：“他又没有问我电梯的事”。像这种等着顾客张嘴要的服务，绝不能算热情。

（三）善突破

这是指突破规定的服务项目。服务，不一定是写在服务公约上的，而是由顾客随时产生的需求决定的。有位先生曾光顾美国著名的花旗银行，向一个营业窗口的职员提出将一张旧的百元钞票换成一张崭新的。像这种不在服务公约之内的服务项目，即使拒绝提供也无可非议。但是，那位接待他的职员欣然接受了他的请求，并接连打了好几个电话，才在其他营业窗口内找到一张同面值的新钞。最后，一个小纸盒被递到这位先生面前，里面除了一张新钞外，还附了一张字条，上面写着："谢谢您想到了我们。"这种把本是额外的服务也当作分内的工作并尽心尽力做好的服务，就是优质的服务。

（四）技艺好

服务的特点之一是具有颇高的手工技艺性。以烹饪业来说，舌尖上的中国集饮食文化之大成，为华夏子孙留下了丰富的饮食文化。中国的八大菜系所蕴含的技艺，各领千秋，闻名遐迩，长盛不衰，使中国烹饪技艺居世界之巅。技艺是服务的技术基础。

北京百货大楼模范售货员杜学昌以全国劳动模范著名售货员张秉贵为榜样，刻苦钻研业务。走进柜台，不用询问，杜师傅凭他的经验就能准确判断出适合这位顾客穿着的服装型号、款式等。如果顾客为别人代购，只需说出身高、体重、脸形、年龄、职业等特征，就能为顾客选出合适的服装，使顾客高兴而来、满意而归。正是这种娴熟技艺，塑造了良好的服务形象。

（五）举止雅

> **提示**
>
> 微笑是世界上最通用的语言。

行为美是服务美的表现之一，是由服务者形象美、举止美构成的。抽象的服务美通过服务者的形象美、举止美而具体地表现出来。微笑服务就是行为美的具体内容之一。一个面带"发自内心而不是勉强装出"微笑的服务行业从业人员，会使顾客产生亲切感和信赖感。一个面容冷淡的服务行业从业人员则会使顾客望而生畏、避而远之。

外国一些服务行业把"微笑"作为工作的座右铭，认为："微笑是打动人心弦最美好的语言""微笑是通往世界的护照""笑脸相迎使你的工作生辉"。美国的希尔顿酒店就是这样做的。在业务最萧条的时候，希尔顿号召全体职员把微笑献给顾客，把周到的服务献给顾客，"微笑"使希尔顿走出困境。在经营顺利的时期，希尔顿又对员工说，第一流服务员的微笑比第一流设备重要，微笑好比花园里春天的风和阳光，是微笑使希尔顿长盛不衰。

高雅得体大方，衣冠整洁，就能给顾客以美好的印象，体现出一种礼貌，体现出高度的文明美；反之，不修边幅，无精打采，就会显得对顾客不礼貌、不尊重，既没有美的形象，也无法创造出美好的服务形象。

图 3—6　文明得体的服务

（六）语言美

语言是人们交流思想感情的工具。服务者与服务对象之间的思想感情交流主要通过语言来进行。服务者的语言美，可以立即吸引顾客，缩短两者之间的距离，给人以美好的印象。服务者的语言不美，就会增加两者之间的矛盾，给人留下不良的印象。

图 3—7　良好的沟通可以给顾客留下美好的印象

服务行业从业人员说话和气、善言待客，是塑造服务形象的基本要求，常言道："善言待客三九暖，恶语伤人六月寒。"对此，北京某菜市场的营业员小唐有着深刻的体会。一次，一位顾客买了一只肥母鸡。小唐热情地说："您要装进口袋吗！"这位顾客一听，很不高兴地说："什么，把我装进口袋？你说话可得注意点，多不文明。"说得小唐很难受，但她并不生气，仔细一琢磨，发现自己的话确实有毛病。她认识到，光对顾客热心还不够，必须注意语法修饰，研究顾客心理，把话说得恰当、科学。比如，以前卖母鸡时她问："您是买肥的还是买瘦的?"后来她改成："您喜欢油多的还是肉多的?"这种问法满足了不同顾客的心理，顾客满意了，买卖也就做好了。

（七）全方位

向顾客提供周到的、全方位的服务是搞好服务的重要方面。企业应该将服务视为义务，随时为顾客排忧解难、提供方便，使顾客得到尽可能周到的服务，甚至顾客自己都没有想到的，也要替他们想到。

广州中国大酒店曾接待一个由145人组成的会议团体。一天，这批客人去郊区参观，碰巧遇上大雨。酒店客户部得知他们傍晚返回后，紧接着要参加另一个活动。考虑到穿脏鞋参加这种活动很不协调，酒店的员工就为他们准备好了145个标注房间号的塑料袋和145双干净的鞋在门口迎候。客人一下车，员工们就递上干净的鞋，并将又湿又脏的鞋对号装入袋中，而当客人结束晚上的活动返回房间时，他们的鞋子已一尘不染、整齐地摆在了面前。这种处处替顾客着想且无论是分内分外、是否有报酬，只要顾客需要就尽可能提供的服务，就是优质服务，就是良好服务形象的最动人之处。

优质服务与从业人员的综合素质是分不开的。有人曾总结优质服务的"五快"，即眼快、耳快、脑快、手快、腿快。其目的就是要关注服务对象，提供第一时间的服务。

图3—8 及时、到位的服务是一种美的展现

案例

从点滴做起

李女士进入餐饮业后，从服务员开始做起。最初，她在学校旁边的酒店勤工俭学，这为后来从事餐饮业积累了相当多的经验。那时，她决定在餐饮业干出一番成绩。

几年后，她转行到西餐业，一步步做到了分店经理。李女士说：“我觉得自己在餐饮管理方面有潜力，本人也有兴趣。但是我从未想过要永远为他人打工。”

后来，有朋友邀请她一起创业。鉴于她的丰富经验，朋友让她担任副总经理一职。目前，他们的第一家分店已经开业。

点评

许多服务人员，尤其是基层服务人员，对自己的工作缺乏正确的认识，认为自己不过就是一个小小的服务人员，谈什么理想、前途，纯粹是自欺欺人。为此，他们是做一天和尚撞一天钟——过一天算一天。

这其实是非常错误的想法。因为：服务业是一个非常广泛的行业，任何行业都缺少不了服务这项工作，其就业面非常广。

基层服务是积累经验、资历的基石，是通向服务业中中高层管理工作的岗位或自主创业的阶梯。服务工作也有级别之分，年轻时工作经验少、资历浅，被安排在基层做服务，可趁机踏踏实实锻炼一下自己，等到经验多一些，资历深一些，服务业中的中高层管理工作的岗位则非你莫属。同时，基层服务也可以为自主创业打下良好的基础。上面案例中的李女士的成功之路，相信能给我们带来很多启发。

服务工作造就我们、锻炼我们，使我们了解人、掌握人，懂得如何与人打交道。美国著名的卡耐基基金会调查显示：一个人最终的成就，15％取决于其专业水平，85％取决于与人沟通、打交道的能力。服务业作为一个广泛与人打交道的行业，每天要面对大量的、形形色色的人，这为我们服务人、观察人提供了一个很好的舞台。

如果你选择了服务行业，并且当前你从事的是基层服务工作，请不要犹豫，也不要“心有不甘”，认真做下去。利用这个平台，很好地锻炼自己，但不要只顾拉车，而不知抬头看路。要在工作中慢慢思考：我是谁？从这份工作中我能学到什么？它能给我未来的人生发展积累什么资本？这是非常重要的。

一、多项选择题

1. 请选择下列哪些是服务忌语（　　）。

A. 喂！　　　　B. 你找谁？

C. 你，干啥？　　　　D. 着什么急

2. 打电话时通话内容要做到简练应注意哪些方面（　　）。

A. 事先准备

B. 简明扼要

C. 适可而止

D. 通完话三分钟，就应该赶紧催着点尽快结束电话

3. 下面关于敬茶的内容，符合规范的有（　　）。

A. 倒茶叶的时候，即使不好倒也不要直接用手

B. 敬语的时机，应该是在客户落座之后，还没洽谈之前

C. 敬茶的顺序，应该先给客户敬茶再为领导敬茶

D. 给客户敬茶，应该用一次性纸杯，以显示卫生、安全

4. 如果和客户发生冲突，得体的处理原则是（　　）。

A. 妥协原则　　　　B. 体谅原则

C. 隔离原则　　　　D. 控制原则

5. 身体语言的忌讳有（　　）。

A. 杂乱　　　　B. 泛滥

C. 卑俗　　　　D. 夸张

6. 工作仪容的“三勤”“五忌”指的是（　　）。

A. 勤换衣裤，勤洗澡，勤漱口　　　　B. 忌吃葱

C. 忌吃有刺激性的食物　　　　D. 忌吃花椒、八角

7. 下面属于工作自律中“三心二意”的内容有（　　）。

A. 耐心　　　　B. 关心

C. 痴心　　　　D. 善意

8. 处理客户的异议要注意什么（　　）。

A. 要以真诚、友好的态度对待客户的抱怨

B. 仔细聆听客户的抱怨

C. 向客户道歉，并查清原因

D. 提出解决问题的方法，并尽快行动

答案：1. ABCD　　2. ABC　　3. ABC　　4. ABCD
　　　5. ABCD　　6. ABC　　7. ABD　　8. ABCD

第二节　家庭服务业职业道德

自从人类有了家庭就开始有了家政，之后才产生了以家政为研究对象的家政学，产生了将家政知识和技能运用于家庭事务的家庭服务。家庭服务是一个朝阳产业，是靠劳动获取报酬的工作，更是一个极具服务色彩的重要职业，不再是过去的“佣人”“下人”。家庭服务员是一个家庭的“全职内助”，并已经成为城市家庭的重要一员，给千万家庭带来欢乐与幸福，更让无数个农村人从乡村走进了城市，无数个下岗职工重新有了上岗的机会。职业无贵贱，只是社会分工不同，家庭服务行业从业人员一样受人尊重。深圳市是一个快节奏高效率的现代化城市，家庭服务市场需求旺盛，许多中专生、大专生都加入了家庭服务这个行业。所以，从事家庭服务一样能体现自己的价值。

图 3—9　某家庭服务项目介绍

一、家庭服务及分类

家庭服务是指将部分家庭事务社会化、职业化，由社会专业机构、社区机构、非营利组织、家庭服务公司和专业家庭服务员来承担，帮助家庭与社会互动，构建家庭规范，提高家庭生活质量，以此促进整个社会的发展。

现代家庭服务有别于传统观念上家庭服务的类别。现代家庭服务职位包括家庭服务员、月嫂、育婴（儿）嫂、家庭烹饪师、生活陪护、养老护理员、家教、高级管家、涉外家政等。家庭服务具体的分类如下。

图 3—10 现代家庭服务范围广泛

1. 一般家务——制作家庭便餐、家居保洁、衣物洗涤、园艺等，以器物的服务为主。

2. 看护婴幼儿——对婴幼儿的照料、看管。

3. 护理老年人——照料、陪护老年人。

4. 照顾病人——在家庭或医院照料、看护病人。

5. 护理产妇与新生儿——护理产妇与新生儿，也称月嫂。

6. 家庭教育——主要是对幼儿或小学生的品德和良好习惯的培养、智力开发和学业辅导。

7. 家庭理财——对客户日常生活开支的管理，包括采购、记账等。

8. 家庭秘书——从事家庭或家庭企业的文书档案处理、计算机操作、公关事务、汽车驾驶等。

9. 家庭安全员——包括两类，一类是负责家庭器物的维修与安全，如负责水电、电器、计算机、住宅的维修服务与安全等，又称家庭技术员；另一类是负责家人的安全，又称家庭保安员。

10. 陪伴——陪同购物或聊天，主要满足客户舒缓情绪，排遣孤独感，或通过其他陪伴方式满足客户的心理需求。

11. 管家——对客户的家庭事务进行全面安排，具体安排其他家庭服务员的日常工作。能针对客户家人的不同特点，调配膳食，美化家庭环境，科学指导客户体育锻炼，安排家庭休闲娱乐、旅游，迎送宾客，指导合理的作息等。

二、家庭服务员的职业道德

家庭服务员的职业道德是指与家庭服务活动紧密联系的符合家庭服务特点及要求的道德准则、道德情操与道德品质的总和。

家庭服务员的职业道德和其他职业一样，是社会道德的组成部分。既然选择了这个职业就应该有信心把它做好，并具备良好的个人品行和职业道德。家庭服务员的职业素质要求如下。

1. 良好的道德品质

（1）具有正义感，生活中要有一身正气，不惧邪恶。

（2）不贪不义之财，不乱动不应该动的东西。

（3）学会勤俭持家的优良作风，不浪费雇主任何财产。

相关链接

家庭服务员“六不准”准则

第一，不准伪造证件，编造谎言，欺骗职业介绍所工作人员。

第二，不准在雇主家随便打电话或开动家用电器。

第三，不准利用买菜，洗衣服等家务活动贪污雇主钱财。

第四，不准随便吃雇主家的东西，随便穿用主人的衣物。

第五，不准向雇主或雇主家人借钱。

第六，不准带任何人去雇主家，不准随便进入雇主家主人卧室，不能向陌生人透露雇主的姓名、地址及电话号码。

2. 娴熟的服务技能

（1）具有基本文化、法律知识。

（2）拥有良好服务技能。

（3）懂得基本的社交礼仪、礼节。

3. 强烈的工作责任感

能以雇主的家庭利益为重，关爱家人，勤于家务，热情周到，高度负责。

案例

抱孩子在凉台玩要要当心

有一年大年初三，北京西郊某小区的大院内，人们都站在楼前的空地上放着鞭炮。保姆小刘抱着雇主家2岁的孩子站在五层楼的凉台上向楼下观望着。楼下热闹的场面吸引着她的注意力，使她不由自主靠近了栏杆，身体也逐渐向外倾斜。就在这时一个意外发生了，她怀中的孩子突然双腿用力一蹬，身体向上一蹿，一下就脱离了她的怀抱，从五楼掉了下去。小刘当时就吓傻了，一片惊呼声中她才回过神来，一种自责、一种后怕，使她无暇再想什么，也从楼上跳了下去……

点评

案例中的家庭服务员没有责任意识和安全意识，造成的后果是极其严重的。家庭服务员如果看护的是婴幼儿、老人、病人等，应把他们的安全放在第一位。

4．耐心、周到的服务

家庭服务员对人要有爱心，将心比心，要用自己的爱心真诚为雇主服务，一定会得到雇主的赞赏和鼓励。

为此，家庭服务员一定要做到：诚实做人，嘴紧手稳，不搬弄是非，不捕风捉影，不贪小便宜，不损人利己，洁身自好，这是家庭服务员必备的素质。

图3—11　用心服务，悦人悦己

案例

不遵守操作规程的小时工

在外务工的小王是一个比较瘦弱的小姑娘，她在一家家政服务中心做小时工，小王平时的工作还是很认真仔细的。但是工作时间长了就产生了麻痹思想。有一天，她去一个雇主家做保洁服务。按照规定，她要带上安全带，穿上工作鞋。雇主家里是木地板，在进行室内擦拭时，她穿着拖鞋。当要擦拭楼房的玻璃窗时，她为了图省事，没有换掉拖鞋，也没按规定系上安全带就上了窗台。就在擦拭的过程中，由于窗台有一定的斜度，加上小王穿的又是拖鞋，脚下一滑就从 4 楼掉了下去……

点评

案例中小王的结果可想而知。造成小王发生坠楼的主要原因一是违反操作规程；二是登高擦拭室外窗户不系安全带；三是没有穿工作鞋。由于麻痹大意，险些要了她的性命。

5. 端正、平和的心态

随着社会经济的发展，人民群众生活水平不断提高，居民对家庭服务的需求日益增长，家庭服务也已经成为百姓生活中不可缺少的服务项目。劳动和社会保障部在 1995 年将家庭服务员列为一个新的职业，并为其制订了国家职业标准。家庭服务工作成为一种社会的需求，它具有明确的工作内容，工作范围、工作要求，具有不同的服务级别。随着现代社会的迅速发展，社会分工必将进一步细化，家庭服务业将会向着职业化、产业化、专业化的方向发展。家庭服务员与其他职业一样，具有明确的社会地位。家庭服务业越来越受到社会各界广泛的注意，家庭服务员也将得到社会的尊重。家庭服务从业人员没有任何理由轻视自己的职业。

（1）克服世俗观念。由于中国经历了漫长的封建社会，多少年来，人们长期受腐朽的封建思想的影响，在许多人的潜意识里至今还残存着封建的等级观念，他们将职业划分为三六九等。他们认为家庭服务员就是封建社会里伺候人的丫头、老妈子，是低人一等的人员。他们看不起家庭服务工作、更看不起做家庭服务工作的人，正是由于受到这种不良的社会风气影响，某些家庭服务员觉得抬不起头来，不能正视自己的工作，形成心理障碍。致使失业人员不能够勇敢地走出家门从事家庭服务工作，个别选择了家庭服务工作的人也会要求到远离居住的地方去工作。许多来自农村的家庭服务员，回到家乡后，都否认自己曾经做过家庭服务员。她们之所以回避这段经历，完

图 3—12 家庭服务，幸福他人，成就自己

全是受世俗观念的影响。其实，在当今的社会里，职业只是用来区分工作的标志，人们职业虽然有所不同，但是，都是在为社会服务，只是服务的对象有所不同。

（2）克服自卑心理。自卑心理的产生和自信心的缺乏，依然来自旧的世俗观念。加上家庭服务员本身对家庭服务工作未能形成一种正确的认识，没有树立正确的服务观念，心理素质不稳定，很容易产生自卑心理和缺乏自信心。家庭服务员过于自卑，会直接影响到服务的水平与质量。家庭服务员要充分认识自己工作的意义，首先，家庭服务工作满足了社会的需求，为城市居民提供一系列服务，提高城市居民的生活质量；其次，家庭服务工作为失业人员、农村剩余劳动力提供就业岗位，她们通过自己的劳动脱贫致富改变家庭生活，她们在服务的过程中学习了许多知识，增长才干，成为社会主义建设事业的人才。家庭服务员从事的工作与国、与民有利，何乐不为。

图 3—13 大学生做保姆同样有成就

（3）及时转换角色。家庭服务从业人员很重要的一点就是要进行角色的转换。进入家政公司后，一定要改变过去无职业状态下自由散漫、无时间观念的不良习惯；学会自我约束，摆脱粗野；学会文明礼貌，服从工作安排，向有规律、有秩序的城市生活改变；做到什么该说什么不该说，什么该做什么不该做；工作中遇到矛盾和误会

时，要学会忍让、沟通、理解。矛盾突出而个人不能解决的，应打电话到家政公司，求得帮助，因为家庭服务员是家政公司派出的员工，家政公司就是你的“娘家”，也是维护自身合法权益的第一步。

图 3—14　家庭服务过于计较不利于工作

所以，家庭服务员应及时转换角色，调整好自己的心态，摆正自己的位置，面对现实，正视自己，尊重客户，以心换心，这样就能赢得顾客和社会的尊重。

家庭服务员“六要”准则

第一，要遵纪守法，信守合同，不要违反协议擅自离岗。

第二，要讲究文明，讲礼貌，不要行为粗俗，顶嘴谩骂。

第三，要吃苦耐劳，尽职责，不要好吃懒做，不尽职责。

第四，要讲究清洁卫生，不要衣冠不整，肮脏邋遢。

第五，要安心职守，不要得过且过，心不在焉。

第六，要讲普通话，不要讲自己家乡的方言。

（4）端正职业心态。一个人的工作态度折射出人生态度，而人生态度决定着一个人一生的成就。选择正确的态度面对工作，态度端正才能尽职尽责，态度端正才能忠诚于工作，态度端正才能敬业爱业，态度端正才能有服从意识，态度端正才能在工作中不找借口，态度端正才能自动自发地工作，态度端正才能更好地融入服务的客户家庭氛围里。具体表现在诚实正义、自信大度；真诚主动、礼貌热情；耐心周到、准确高效；朴实文雅、谦虚友善。

案例

不讲科学蛮干的遂宁姑娘

小冉是一名聪明能干的姑娘，平时工作也十分出色，就是有时比较盲干，不注意按操作规程办事。有一次用户让小冉熬大米粥，由于小冉一忙就把熬粥的事给忘了，等她想起来的时候时间已经来不及了，于是小冉决定用高压锅熬粥。当粥熬好后，就到了吃饭的时间，她怕影响用户吃饭，就把高压锅放到水龙头下冲了冲，不等高压锅完全冷却，就想把高压锅盖打开。由于高压锅内还有压力没有散开，小冉就将高压锅放到了地上，用力握住高压锅的上下手柄，使劲地向两侧掰，高压锅的盖还真让她扳动了。由于高压锅内还有一定的压力，就在锅盖松动的一刹那，一锅滚烫的大米粥，突然从高压锅的缝隙中喷射出来。由于小冉当时是蹲在地上开锅盖的，所以这些粥全部喷到了小冉的双腿上，造成了严重的烫伤，小冉被送进了医院……

点评

家庭服务时时处处都需要注意安全。安全即是对服务对象负责，也是对自己负责。

知识拓展

家庭服务员职业规范

家庭服务员，工作受尊重；职业无贵贱，勤劳人称颂；
做人要诚实，品德要良好；家务勤打理，细节要做到；
个人讲卫生，待人有礼貌；老人和幼童，悉心多关照；
孩子上下学，安全要记牢；勤俭持好家，不可浪费掉；
不懂要多问，勤学技艺高；一人在家中，安全很重要；
水电和煤气，勤查关闭好；陌生人上门，客户须知道；
住户家电话，不可对外报；使用电话时，客户须知晓；
电视和空调，若用需请教；亲朋和好友，不得去骚扰；
客户有隐私，严禁外转告；客户批评时，虚心求指导；
客户误会时，宽容勿吵闹；和谐相处好，理解不可少。

第三节　商业服务业职业道德

商业服务企业一头连着生产，一头连着消费，在社会经济发展中扮演着重要角色，而商业服务企业营业员的一言一行都会对人们消费产生影响，因此，商业服务企业是社会文明风尚的窗口。营业员是商品销售的代表，更是商品生产商与顾客交流的关键环节。作为一名营业员肩负着双重的责任，一方面要对商品的生产者负责，尽量使产品销售出去；另一方面又要对消费者负责，即为消费者提供满意的产品和服务。营业员的服务风貌好坏，直接影响到一个企业、一个地方的社会风貌。

一、营业员的职业道德及职业守则

（一）营业员的职业道德

营业员的职业道德包含两个要素，其一是思想意识问题，其二则是行动准则。思想意识状况要通过行动来表现，而行为准则则是职业道德的载体。

2002年10月，原国家经贸委和中华全国总工会联合出台了《关于进一步加强商业职业道德建设意见》，要求商贸流通业以规范市场经济秩序和建设良好商业信用体系为目标，开展商业职业道德建设，以“爱国守法、明礼诚信、团结友善、勤俭自强、敬业奉献”为基本道德规范，大力倡导“守法、诚信、公平、敬业、服务”的商业职业道德准则，努力建设与社会主义市场经济发展要求相适应的商业应用体系。

图3—15　商业服务业是文明社会的窗口

加强商业职业道德建设，提高销售服务行业从业人员的职业素质是贯彻落实《公民道德建设实施纲要》的重要措施，是整顿和规范市场经济秩序，促进市场秩序根本好转的治本之策和必由之路。

（二）营业员的职业守则

营业员作为连接商家销售活动与顾客购买活动的“桥梁”，必须遵循以下职业守则。

1. 遵纪守法、爱岗敬业

遵纪守法是社会主义国家公民应有的责任和义务。社会主义法纪也是培养和推进职业道德品质的有力武器。遵纪守法，就是遵守国家制定的各种法律、法规，遵守各行业、各部门制定的一系列规章制度，这是营业员应有的道德品质。

营业员的言行代表着企业的形象，都必须对所在的企业负责，决不允许有损害企业利益的行为发生。这就要求营业员要认真学习国家的各项政策、法规，增强法制观念，养成依法办事、依法经营的良好职业习惯；要自觉遵守劳动纪律、服务纪律、柜台纪律和企业的各项规章制度，在自己的工作岗位上尽职尽责，尽心尽力。营业员每天都要接触货币、商品，与消费者发生直接的经济利益关系。因此，要培养自己遵纪守法的优良品德。

营业员要忠于职守，甘于奉献，只有热爱自己所从事的工作，才能自觉地做到忠于职守。营业员要热爱自己的工作岗位，要用一种恭敬严肃的态度、认真负责的精神对待自己的职业，对待自己的工作，不能将个人利益凌驾于企业利益之上，不能在企业利益之外掺杂私心杂念。爱岗和敬业是相辅相成、相互支持的。只有勤奋踏实、忠于职守才能做好本职工作。

遵纪守法、爱岗敬业，有强烈的事业心进取心，这是一名营业员必须具备的首要条件，是做好商业工作的坚实基础。同时要精通业务、开拓创新，这是爱岗敬业的根本，也是与时俱进的职业道德要求。商业岗位的具体业务是营业员为人民服务的基本手段，业务水平的高低直接关系到人民群众的利益，关系到企业及个人的利益。

图 3—16　全国劳动模范李素丽在工作岗位上

2. 尊重顾客、热情服务

尊重顾客是良好的商业道德风范的基础，是建立和发展现代社会人与人之间新型关系的基本要求。正常进行商业活动的前提是对顾客的尊重，体现出营业员对待工作的积极态度；尊重顾客是现代商业企业营业员职业道德的基本要求之一。

热情周到的服务态度体现在接待顾客上就是做到主动、热情、耐心、周到。主动向顾客打招呼，主动当好顾客参谋，主动帮助顾客排忧解难等，处处体现出主动关心顾客、为顾客服务的精神。

尊重顾客、热情服务要做到对顾客一视同仁，尊重友善，为顾客着想；对顾客和蔼可亲，精神饱满，让顾客有宾至如归的感觉。如在北京王府井百货大楼售货员岗位上工作的优秀共产党员、全国著名劳动模范张秉贵，他的“一抓准”“一口清”赢得了千百万顾客的赞誉。

图 3—17　优秀共产党员、全国著名劳动模范张秉贵

3. 真诚守信、文明经商

在中国传统文化中，“忠、义、礼、智、信”是人们提倡并力求遵守的行为准则。诚实守信就是指态度诚恳，不说假话，讲信用。我国的传统道德素养有“诚信为本”“操守为重”的说法，其实就是强调诚实守信。

营业员在为顾客服务的同时，对待顾客要一视同仁，要做到生客、熟客一个样，童叟无欺，自觉维护消费者利益，树立诚实、自信、公平、负责的经营作风，认真执行各项商品供应政策、物价政策。宣传介绍商品时要求实事求是，出售商品要明码标价，努力建立社会主义市场经济环境下的商业新风尚，树立政策观念和信誉观念。

真诚守信、文明经商，自觉维护消费者利益，是社会主义商业的基本要求，它体现了社会主义商业为人民服务的核心，也反映了广大顾客对商业工作的基本要求。

但是，在我们的日常生活中，由于经济利益的驱动，欺诈行为时有发生。这不仅损害了企业的声誉，而且破坏了社会主义市场经济的健康发展。比如：以次充好、缺斤短两、质价不符、以假乱真等恶劣现象屡见不鲜。因此，有必要加大力气加以纠正。同时营业员应当从我做起，自觉抵制不良风气。

真诚守信、文明经商要做到：

（1）营业员在服务中要文明待客，买卖公平。做到童叟无欺，质好量足，价格公平，杜绝以次充好，硬性搭配。

（2）营业员要认真执行国家的各项商业政策，信守商业合同，履行诺言，诚实守信。另外，在运用商业广告时，要讲究实事求是。

案例

以诚为本，信誉至上

位于北京市石景山区的沃尔玛超市山姆会员店，1 200个停车位每天都停得满满的，在较短的时间内就招募了7万多名会员。沃尔玛的“全球500强企业排名第一”的品牌起了重要的号召作用。“以诚为本，信誉至上”不是简单的口号，事关企业的形象，只有如此方能让企业在日益激烈的市场竞争中获得消费者的青睐。

点评

信誉是商业企业的无形资产。诚实不欺、重约守信是现代企业的立身之本，是商业企业及其从业人员必须遵守的职业道德。商业企业获取的应该是正当的、合理的利润；企业要在平等的原则下进行正当竞争。良好的社会信誉，是通过优良的产品质量和优质的服务获得的。北京的百货大楼、西单商场，每天吸引着成千上万的顾客，靠的就是企业的“金字招牌”，靠的就是企业在消费者心中的信誉。

二、营业员的职业道德要求

（一）语言文明、规范

营业员接待客人常用的语句称为待客基本用语。例如：欢迎光临、好的、让您久等了、谢谢、欢迎再来、不好意思、抱歉等，这是营业员规范服务语言的主要内容。

如何令客人满意呢？首先，要习惯让声音洪亮、开朗、自然。其次是要用心去表达。客人踏进商店时，我们对他说的第一句话是“欢迎光临”，对于他能从这么多的商店中选中自己的店，要心存感激与喜悦。接着回应“好的”要认真、诚意。说“谢谢”“衷心感谢”“抱歉”要发自内心。总之，说每一句话都要语调客气，诚心诚意。营业员的语言虽然看不见，却具有色泽、质感与温度。“欢迎光临”像是热烘烘的红色，“谢谢”是温暖的橘色……所以，请让你的心颜色更温暖。就算进店的客人没有买东西，也不要忘记对他说这两句话。对于东西不合心意，心里要有帮不上忙、觉得抱歉的想法，同时要以期待他再次光临的心情，温馨地送客离开。

（二）动作清爽、利落

营业员向顾客问候时不只是用语言，还要有配合的动作，而这就是轻度鞠躬礼。正确的轻度鞠躬看起来自然又舒服，所以一定要掌握这种礼节。

要做出优雅的鞠躬礼，优雅的动作，首先要有正确的站姿，包括下列内容：

身体首先要站立，背要挺直，脸向前方，下颚轻轻向内缩，但头部不可过度内缩，否则会有颓丧的感觉，也不可以太上扬，这样会给人傲慢、自以为是的印象。

胸部要挺直，不可驼背，左右两肩要平，放松肩部的力量。两手自然贴身，指尖放松、五指自然合拢。若两手交叉放，右手放下并将上面左手的拇指轻轻包起、自然垂放。另外，收缩小腹，让重心放在肚脐附近。膝盖放松，同时两膝要并拢。

脚跟合拢、脚尖呈 V 字形、15°的角度张开。全身重心不能放在脚跟，应该放在脚拇趾附近。这样看上去人会更加挺拔。

（三）印象亲切、优雅

美丽的笑容令人愉悦。在笑之前请照镜子看看自己，是否很清爽、优雅迷人。从正面看如果没有问题的话，再靠墙壁确认背姿。脚跟靠壁站立，臀部的前端与肩胛骨靠着墙壁。腰部的空隙大约可放一个握紧的拳头。头部与墙壁之间可微留空隙或与墙壁轻触。这就是营业员最标准的动作。若加上优质的服务，一定能给顾客留下亲切而优雅的印象。

三、营业员的服务意识及培养

曾经在一位著名人士的讲座上，有人提出什么是服务时，这位人士回答：“如果是因为怕被客人投诉而提供服务，如果是因为怕领导追查责任而提供服务，如果是为了获得高额的薪水或者是为了保质、保量地完成工作任务，争取有所业绩，以取悦于领导而为顾客服务，那么这些服务都不叫真正的服务，更谈不上良好的服务意识！我们所指的服务意识，应该是‘自觉’的服务！”

通俗地说，所谓“服务意识”就是即使没有钱赚，也依然会为顾客提供热情周到的服务。服务应该是自觉自愿的。因此，要想成为一名优秀的营业员，服务意识远远比技巧更为重要。

服务顾客是营业员的工作职责，营业员的一个重要角色就是“服务大使”。服务意识是每一位营业员都必须具备的营销理念。

（一）培育服务意识

“顾客就是上帝”，对，没错！

如果顾客不购买我们的商品，我们就没有生意；如果没有了生意，企业就没有利润，也就没有资金发放工资。所以，顾客对我们而言是非常重要的。可以这样说：在某种程度上，顾客就是我们的衣食父母。

当理顺营业员与顾客之间的关系以后，在为顾客服务时，我们不能只为购买商品的顾客服务，对不购买商品的顾客就置之不理。因为，在你没有具体服务之前，是无法判断顾客是否需要购买的。只有你的服务让顾客满意了，顾客才有可能做出是否购买的决定。

满意的服务是一种愉悦的体验。销售服务行为是人际交往的快乐行为。在工作中应是发自内心为客人提供自觉的服务。如果每次为顾客服务时带有太多功利色彩和蕴含太多回报的期望，这不但给自己增加了工作的负担，而且在你的期望达不到的时候，还会产生极大的失败感，进而将不良情绪带到工作中，使客人不满意——如此恶性循环，最终只能导致工作越做越累、越做越烦。总之，培养服务意识，才能提供真正的服务，自觉的服务。

小丽的“意外”收获

小丽是一家手机营业厅的营业员。与其他人不一样，她非常喜欢这份工作，自然，她的服务也是最好的。

一天上午，营业厅来了一位老者。老者衣着随便，看上去根本就不像有钱人。他在营业厅逛了一整圈，当他向营业员咨询时，许多营业员都不愿意搭理他，或者只是简单地敷衍了事。而当他来到小丽的柜台时，发现小丽的服务明显与其他营业员不一样，对他的所有咨询都是认真解答，处处为他考虑。最后，老者一声不吭地走了。其他营业员都在嘲笑小丽竟然花了两个多小时的时间去招待一个看上去根本就不可能买手机的老头，最终导致一单生意也没有做成。对此，小丽只是笑了笑。

出乎意料的是，下午该老者居然带来了一个采购经理来该店大宗采购手机。原来该老者是一家公司的董事长，上午小丽在接待他时所表现出来的品质——耐心和服务意识，已经深深打动了他。自然而然地，小丽由于获得此大宗采购，被提升为营业厅经理。

点评

优质的服务、自觉的服务基于一种职业理念和职业习惯，是发自内心的，是爱岗敬业的具体体现，也是服务人员自身价值的体现。小丽的“意外”，是在情理之中。

图 3—18 在岗服务的小丽

（二）满足顾客需求

服务其实就是一种帮助，当顾客来到你的柜台时，他希望你能够以他需要的方式来帮助他，他更需要的是与商品相关的信息，这并不是通常讲的：服务就是简单的微笑、热情的招待。因为，假使你再热情，笑得再甜，但只要不能满足顾客的需求，顾客也不会购买你的商品。

事实上，顾客并不只是一个要购买商品的消费者，他希望他的身份地位得到尊重，希望你能了解他真正的需求，能让他产生一种获得服务的满足感。当你满足了顾客的需求以后，顾客自然而然就能体会到优质服务，你的服务也就得到了回报。

（三）培养健康心理

1. 不过于计较客人态度

店门大开，客人带着各种心情而来，营业员不能要求每位客人都有和颜悦色的态度，如果营业员不能正确对待这个问题，那么矛盾是难免的。商业企业应追求服务工作的优质，就一定不能苛求每一位客人的态度绝对和善、友好。

故事品鉴

一天上午，两名客人刚步入专卖洗衣机的商场大门就高声喊道：“有荣事达洗衣机卖吗?”嗓门很大，有点像来寻衅闹事的。上前来接待这两位客人的是一位青年营业员，她凭着多年站柜台的经验，预感到如果处理不妥，就免不了一场争吵。于是笑容满面地答道：

“同志，想买洗衣机吗?”

“是的，要买荣事达牌!”

“很对不起，荣事达牌刚卖完，有××牌洗衣机，才到的货，是最新产品，质量不错，也是很多客人喜欢买的牌子。”

“那你们为什么不多进货?”

“同志，您这个建议提的好，我们的工作还做得不够，谢谢你的意见。”

“同志，贵姓?”

“我姓王，请多提宝贵意见。”

“先是有意见的，现在听你一解释，想提的意见倒忘了。”

两位客人相视一笑，又继续说：“讲实话吧，我们连跑了几家商店，售货小姐说声‘没有’后，就金口难开，一进你们商场，本是没好气地，谁知，你不计较我们的态度，而且讲的句句都是实话，倒弄得我们怪不好意思的，现在就听你这个参谋的话吧，就买××牌吧。”

这两位客人又是“谢谢”，又是“对不起”，一时间，营业员与客人都拉近了彼此之间的距离，大家心里热乎乎的。

点评

案例中的现象在销售行业是比较多见的，有人气不顺就撒向营业员。这时的营业员如果不“察言观色”，化解困境，往往会引发冲突。如何处理这类事件，就是对服务态度的考验。

在服务工作中，营业员不要计较客人的态度，重要的是要时时保持谦恭有礼，表现出冷静、耐心，运用语言艺术引导、劝诫、说服，使矛盾化解于萌芽状态之中。

2. 善于包容与忍让

从事商业服务的人员是为客人服务的，因此应有配角意识。如果没有这种意识，摆不准位置，随意顶撞主角，与主角抬杠，这出“戏”就演不成了。

案例

学会冷静

有位记者曾经记下这样一个场面。在一家餐厅，一位客人冲着年轻的女营业员喊："喂，要菊普茶！"

女营业员没有反应。那客人有点火了："喂，听见了没有？"

这回女营业员开腔了："你'喂'谁呢？懂不懂礼貌？不懂我教给你！"

"喂，就你……"就这样，一场争吵越来越激烈了。

点评

事实上，现实社会生活中，不是每一位顾客都具有良好的品德修养。案例中的客人说话没礼貌，这是事情的起因。客人对营业员不尊重，是不对的。但是，这位营业员如果有配角意识，服务意识，有耐心忍让的态度，冷静对待，很好运用礼貌的语言艺术，争吵是不会发生的。

有这样的事例。有一位妇女走进超级商场，对营业员说："小姐，今天早上我买了一幅油画，您在找钱时算错了 30 元钱……"

"那你当时为什么不向我声明？"营业员微带愠怒地说，"可惜现在为时太晚了。"

"那好，"妇女平静说，"那我就只好多收下这 30 元钱了！"

营业员没有耐心地倾听，不详细了解情况，就先入为主地下断语，结果有负客人一片好心，给客人留下很不好的印象。

(四) 提供优质服务

做一名受欢迎的营业员，既是提供优质服务的能力体现，又是职业道德的行业写照。营业员要从外表得体、习惯良好、声音悦耳、举止文明、讲究礼仪五个方面严格要求自己，从而为顾客提供优质服务打下良好的基础。

1. 外表得体

营业员给人的第一印象是非常重要的，因此，一定要注意保持一种良好的第一印象，因为你不可能再有第二次机会。客户对你的第一印象往往依据外表——你的眼神、面部表情等形成的。外表往往是一种形象语言，正如声音所表达的一样。

服饰对于营业员的作用正如产品的包装一样，适合的着装对销售的成功起到关键作用。服饰应该与销售环境相适合，也要能与所拜访的客户类型相一致。例如，一个

图 3—19 服务中的营业员

向农民推销饲料的营业员的服饰就应该与向医生推销药品器材的营业员的服饰不同，这就叫因人而异。

一项研究表明，客户更青睐那些穿着得体的营业员；而另一项研究表明，身着商务制服和领带的营业员所创造的业绩要比身着便装、不拘小节的营业员高大约 60%。

因此，营业员要注意自己的着装，这是对自己的尊重，更是对顾客的尊重。

2. 习惯良好

作为营业员，你应不停地与客户进行交流，哪怕无话可说时，也要微笑一下或耸肩、皱皱眉头。惬意而自然的微笑，是你的外表中不可缺少的重要组成部分，这不仅会拉近你与客户的情感距离，而且效果会立竿见影。良好的举止行为习惯，对于留下积极的印象也是至关重要的。要知道，客户是通过观察你的外部表情和举止神态来观察你的内心思想的。一定要避免做出有损你的形象的举止。

把顾客当朋友

作为某百货公司的男装部的营业员，罗登开始认为推销不是适合他的职业。他觉得与客户打交道、介绍自己，都是些很不舒服的事。工作两周后，有一个老同学来店里买西服。罗登见到老朋友很高兴，迅速为他找到了适合的衣服，并且成交了。朋友走后，罗登不禁想，向朋友销售物品是多么舒服啊。这个念头打动了他，“为什么不把所有客户当作朋友一样看待呢？”那天以后，他这样做了。罗登逐渐成为该百货公司的成功营业员之一。

点评

顾客就是上帝。把顾客当作朋友是平等、尊重的体现。工作有这样的心态和行动一定会获得丰厚的回报。

3. 声音悦耳

悦耳的讲话声音和全神贯注的谈话会增加你销售的成功率，而嘶哑的声音和懈怠无力的谈话则会成为败笔。毕竟，声音是交流中的重要内容。如果是电话销售，声音将是至关重要的，因为客户看不到你，将只凭声音来推断本人及你的信誉。

你与客户交谈的声音应该温暖而友好，要牢记，声音低一些要比大嗓门更显得温和有礼。改变声音并不容易，但放小音量却十分简单。所以，你要在语气、语调、语言流畅上多下功夫。

简便易行增强声音吸引力的方法有：

（1）说话不要过快或过慢。

（2）语气、语调不要一成不变。

（3）不要过于高声或过于轻柔。

（4）情绪饱满。

4. 举止文明

许多人都有一些令他人颇为不悦的小习惯。例如，在桌子上敲击自己的手指，不断地扶眼镜，或者玩弄自己衣袋中的硬币等，都是一些不良习惯，会使客户不舒服。如果你做得过分，客户会忍无可忍而中止与你洽谈。作为一名营业员，一定要注意自己的举止。可以向家人、朋友、同事征询意见，如果自己确有不当举动，应及时地纠正。

知识链接

文明经商的十不准

1. 顾客进店，主动招呼，不冷落人。
2. 顾客询问，详细答复，不讨厌人。
3. 顾客挑选，诚实介绍，不欺骗人。
4. 顾客少买，同样热情，不讽刺人。
5. 顾客退货，实事求是，不埋怨人。
6. 顾客不买，自找原因，不挖苦人。

7. 顾客意见，虚心接受，不报复人。
8. 顾客有错，说理解释，不指责人。
9. 顾客伤残，关心帮助，不取笑人。
10. 顾客离店，热情道别，不催促人。

5. 讲究礼仪

一个讲究礼仪的营业员，比一个不讲究礼仪的营业员要成功得多。

比如，握手可以说是你与客户之间的第一个身体接触，也可能是最后一个或唯一的身体接触，通过握手应向对方表达出你的热情、关切，但千万不要太用力——这是礼节，并不是角斗。而且，握手不要太短（这表明你没有兴趣），也不宜时间过长（这会使客户感到不悦）。在握手时要注意与对方保持眼睛的交流，密切注视对方。

有时谈话及行为中的礼节会使你在客户眼中形象大为提高。比如不要占用客户过多的时间；对于客户的接待和支持要再三致谢；如果记住客户生日之类的小事可能赢得顾客的长期支持等。

知识链接

营业员服务的基本要求

1. 为人民服务，对人民负责。要文明经商、礼貌待客。接待顾客要主动热情，耐心周到，有问必答。不冷落、顶撞顾客，不走后门。

2. 严格执行商品供应政策、价格政策。不搭配商品，不随意涨价和变相提价。

3. 坚守岗位，遵守纪律。要遵守劳动纪律、柜台纪律和店规店章。不旷工，不迟到，不早退，不擅离职守。在营业岗位上不聊天，不做私活。

4. 保持良好店容店貌。店堂要整洁，商品陈列要丰满，衣着要干净大方。

5. 要爱护公共财产。要廉洁奉公，爱护国家财产和商品，遵守财经纪律，敢于向贪污、盗窃等一切违法行为做斗争。

6. 接受群众监督，欢迎批评，有错即改，不护短，不包庇。

第四节　餐饮服务业职业道德

民以食为天。餐饮服务几乎和社会上每一成员都有密切的联系。餐饮服务业职业道德建设更是社会主义精神文明建设和物质文明建设的缩影。

一、餐饮服务业职业道德要求

餐饮服务业职业道德是指从事餐饮服务行业的人在职业活动的整个过程中应该遵守的行为规范和准则。由于行业工作内容和特色的差异，餐饮服务业职业道德与其他行业既有共性，又有个性。

现代餐饮服务要求从业人员要具备良好的专业素质、专业技能，还要具备良好的职业道德。

（一）热情友好，客人至上

热情友好，客人至上是餐饮服务业职业道德中最基本和最具特色的一项道德规范，是真诚欢迎客人的直接表现，是服务人员敬业、乐业精神的具体体现。

（二）真诚公道，信誉第一

真诚公道，信誉第一是正确处理餐饮服务业与客人之间利益关系的一项行为总则。

（三）文明礼貌，优质服务

文明礼貌，优质服务是餐饮服务业一项极其重要的道德规范和业务要求，也是服务人员职业道德最重要的体现。优质的服务是餐饮服务业最佳的宣传手段，是促进销售的最好武器。通过优质的服务可以赢得客人的信赖，客人的肯定和口碑比任何宣传都有效，更能让潜在的顾客接受。

（四）团结协作，顾全大局

团结协作，顾全大局是餐饮服务业经营管理成功的重要保证，是内部处理同事之间、岗位之间、部门之间以及局部利益与整体利益，眼前利益与长远利益等相互关系的一项行为准则。

（五）遵纪守法，廉洁奉公

遵纪守法，廉洁奉公是餐厅服务员正确处理个人与集体、个人与国家关系的行为准则，既是行政和法律的要求，又是职业道德规范的要求。

（六）钻研业务，提高技能

这是各行各业共同的业务要求和道德规范，也是餐饮服务业职业道德不可缺少的基本规范之一，是餐厅服务人员搞好本职工作的关键。

餐饮服务业从业人员要不断地进取，不断地提高自己的业务技能，虚心好学，不耻下问。客人是永不满足的群体，他们的好奇心，他们对饮食的追求，迫使我们要不断地改进，努力学习永不满足。那么，作为一名餐饮服务人员如何提高技艺，最重要一点就是要不断学习。学习分为两类，一是间接学习，譬如从服务中，从观察中学习；二是直接学习，可以向老师请教，向同事学习。在技术上要互相学习、互相探讨、互相切磋，只有不断地从服务中和向同事学习才能提高自己。中国有一句古语：活到老，学到老，还有三样没学到。这就告诉我们每个人不要自满，每个人学习永无止境。不进步就是退步，学习要养成习惯。向服务学习，向同事学习，向老师学习，向一切先进的东西学习。只有见多识广，才能提高服务的质量，也才能去改变服务，创造新的服务模式。

（七）平等待客，一视同仁

每一位餐饮服务业服务人员都应自觉地尊重客人，主动热情地满足客人合理的要求，把令人满意的服务提供给每一位客人，在提供服务时，要摒弃看人下菜碟的恶劣习气，绝对禁止以貌取人和以职取人。

故事品鉴

盛夏的时候，天气很热，此时又正是用餐时间，某餐馆因为小有名气，所以用餐的顾客很多，一时让人觉得透不过气。

突然，一位男性顾客对服务员说："小姐，天太热了，我可以脱衣服吗？"

服务员一听，非常生气，心想这人怎么这么没修养，但她仍然微笑着回答道："我们这虽然没有严格要求顾客衣冠整齐，但也有一个原则，就是顾客穿着不能有伤大雅。如您觉得脱衣服很雅观的话，请自便。"

服务人员不卑不亢的一番话，让这位无理取闹的顾客无言以对，他尴尬地笑了笑说："我只是开个玩笑，你别介意！"说完又埋头乖乖地吃起饭来。

点评

这是一则由餐厅服务员非常聪明的解决问题和提供优质服务的案例。既避免由于个别客人的不雅行为影响整体就餐形象，又避免客人自己的尴尬现象的出现。

二、餐饮服务业职业心态修炼

心态决定姿态。服务是一种态度，应发自内心；服务是一种情绪，时时向顾客传递信息，因此要保证自己有良好的服务情绪；服务又是一种修行，可以磨炼你的意志，让你更坚强；服务更是一种回馈，不仅回馈你时间和经验，而且回馈你知识和金钱。餐饮服务员应该把服务工作当作自己的事业并为之努力，拥有不断进取、不怕吃苦的心态。唯有心态解决了，才能感觉到自己的存在，才能感觉到生活与工作的快乐，也才能感觉到自己所做的一切都是理所当然的。

1. 积极乐观

积极乐观的心态是取得成功最基本的要素，即向好的、正确的方向发展自己。命运不是上天安排的，它要靠我们主动去争取，要求我们用积极乐观的心态去对待。

正如拿破仑·希尔（美国著名现代成功学大师和励志书籍作家）所说："要想获得这个世界上最大的奖赏，你必须像最伟大的开拓者一样，将所拥有的梦想转化成为实现梦想而献身的热情，以此来发展和销售自己的才能。"

用美好的感觉、信心与目标去影响顾客。在就餐服务中，保持积极的心态、欢乐的劳动，你就会慢慢获得一种美满人生的感觉，目标也会越来越坚定。

2. 豁达包容

宽怀包容，方成事业。作为一名餐饮服务业服务人员，会接触到形形色色的消费者，每个消费者都有不同的爱好和需求。为他们提供服务，满足其需求，就要学会包容，包容他们的不同喜好和挑剔。顾客就是一个需要悉心照顾和全心款待的对象，服务人员应设身处地为他们着想，将心比心，这样才会有良好的服务态度。

图 3—20　良好的职业心态

宽容谅解。宽容能增进双方的信赖，提高服务和消费的品质。服务人员由于工作的特殊性，偶尔也会感觉不平等，这时对待顾客更需要有十分的关切之意和十二分的包容之心。

3. 心存感激

以感恩的心态去面对一切事物，不要害怕吃亏，这样你就能自觉地、无条件地为顾客付出，而不会在乎自己是否吃亏，是否得不偿失。经常怨天尤人的人很难取得成功，因为他总觉得，在这个世界上总是别人欠他的，或者认为不成功是由于所处环境导致的。

在面对顾客时，保持着感激的心态，把服务做到最好。顾客是上帝，服务人员应该坚持顾客至上的观念。而没有感恩心态的人，一切以自我为中心，他们无法感受到服务的喜悦，工作自然也无法使他们开心。

图 3—21　心存感激

4. 勇于负责

有些人的想法是：人非圣贤，孰能无过？然后把失误看成正常现象，漫不经心地处理。圣人的金玉良言虽然没错，但并没有说犯了过错可以不负责任。

在服务工作中，难免会出现工作失误，给顾客造成不便，这时要勇于承担自己的那份责任。就像一名医生对他医治的患者要负责那样，餐饮业服务人员一定要对自己工作认真敬业，勇担重任，兢兢业业，恪守职业道德。

故事品鉴

一位顾客走进日本一家有名气的大酒店，他想感受一下大酒店的气氛。但因为这里消费很高，他只要了一份蛋炒饭。

一会儿，蛋炒饭就端上来了。

他吃着香喷喷的蛋炒饭，突然发现饭里有一根头发丝。

他把服务员叫过来，服务员走近一看，深深地鞠了躬，一连说了好几句“对不起”，然后把半碗蛋炒饭端走了。

过了一会儿，她端来两碗饭，一份还冒着热气，另一份是她刚才端走的那半碗剩饭。意思是告诉顾客，厨师没有作假，又另外做了一份，深深地鞠了一躬后走了。

顾客吃完饭，心满意足地站起来，走到店门口，只见刚才那位服务员和一位男子正恭候一边。

“先生，我是这里的经理，今天的事太对不起了，这是我的失职，请多包涵。这是一份请柬，下次请携带家人一起光临本店，我们免费招待。”说着把一份大红请柬交给了顾客。

“请不必客气，我已经很满意了。而且我只身一人在这，家人没有过来。”顾客有点不知所措，实在太突然了。

“那么，请您带上您的朋友，请务必光临，给我们一次赎罪的机会。”

点评

因为米饭里有一根头发丝，居然惊动了经理亲自出马，要求给他们一个赎罪的机会，这种责任的精神，实在令人钦佩。这也说明，当我们因服务不周给顾客造成损失后，不管顾客是否原谅我们，我们都不能轻易原谅自己，要采取负责的态度，设法弥补给顾客造成的损失，提高其满意度。

知识链接

下面是某星级酒店对客房服务员的工作要求，对照各条自查一下，看你能否做到。

“三轻”：即要求客房服务员工作时，要说话轻、走路轻、操作轻。

“六无”：即客房卫生要做到无害虫、无灰尘、无碎屑、无水渍、无锈蚀、无异味。

“五声”：宾客来店有欢迎声，宾客离店有告别声，宾客表扬有致谢声，工作不足有道歉声，宾客欠安有慰问声。

“五个服务”：包括主服务、站立服务、微笑服务、敬语服务、灵活服务。

“八字”：要求客房服务员从宾客进店到离店，从始至终要做到迎、问、勤、洁、灵、静、听、送八字。

迎：客人到达时要以礼当先，热情迎客。

问：见到客人要主动、热情问候。

勤：服务员在工作中要勤快、迅速稳妥地为宾客提供快速敏捷、准确无误的服务，不图省事，不怕麻烦。

洁：房间要清洁，勤整理，做到每日三次进房检查整理房间。坚持茶具消毒，保证宾客身体健康。

灵：办事要认真，机动灵活，眼观六路，耳听八方，应变能力强。

静：在工作中要做到说话轻、走路轻、操作轻，保持楼层环境的安静。

听：在工作中要善于听取客人意见，不断改进工作，把服务工作做在客人提出之前。

送：客人离店送行，表示祝愿，欢迎再次光临。

阅读案例，分组讨论并回答问题。

重叠的菜盘

小李是某三星级酒店餐饮部的服务员。一次，有三个客人在酒店就餐，他们点了很多菜，其中的一道菜叫“海参扒肘子”。当最后一道菜上来时，小李发现餐桌上已经没有足够的空间可以放下新的菜品了，于是她不假思索就把新上的菜放在了客人吃的还剩一个肘子的海参扒肘子的餐盘上。其中一个客人发现后，半开玩笑地跟小李说：“小姐，我们这道菜还没有吃完，你怎么就把盘子放到上面了？”正当小李今天的心情不好，听到客人说的话更是不舒服，于是就顶了一句：“到这儿来吃饭，还在乎这么一个肘子吗？又不是没有钱。”本来开玩笑的一句话，经小李这么一说，客人笑意全无。于是，两个人就争吵了起来。客人觉得面子上很过不去，于是向餐厅经理投诉，小李受到经理的批评，向客人道歉。同时，酒店只得重新做了一份海参扒肘子给客人。

思考讨论：

1. 服务中，服务员小李存在什么问题？应该怎样避免类似问题的发生？
2. 本案例对你有何启示？

第五节　旅游业职业道德

旅游业是以旅游者为对象，为其旅行活动创造便利条件并提供所需商品和服务的综合型产业。随着国人的每年人均可支配收入的增加，目前，国内居民的出游人数急剧增加，中国旅游产业规模不断扩大，已经是世界上旅游业发展速度最快的国家之一。据不完全统计，目前行业直接从业人员 598 万多人，间接从业人员约为 2 980 万人，这些数据都表明我国正在向旅游大国迈进，旅游业已是我国第三产业的重要支柱之一。旅游业在中国是朝阳产业，行业的服务已经引起全社会的高度重视，而旅游业职业道德更是引起全社会的高度重视。

面对激烈的市场竞争，无论是团队或散客，还是单项服务或综合服务，都需要旅行社认真对待，以取得市场的认可和信誉。比如导游服务，该服务是指为消费者提供的吃、住、行、游、购、娱服务。随着现代旅游业的发展，导游服务的内容和方式不断发生变化，对导游的素质要求也越来越高。因此，导游必须有良好的职业道德修养，否则将难以胜任旅行社的工作。

> 提示
>
> 我国旅游业借改革开放之力，30 多年持续快速发展，从小到大，产业形象日益鲜明，产业规模不断壮大，成为国民经济中发展速度最快的行业之一。

一、旅游业职业道德特点

旅游业职业道德是指旅游从业人员在职业活动过程中应该遵守的行为规范和道德准则。旅游业职业道德具有鲜明的特点。

1. 进步性

首先，社会主义旅游业职业道德批判地继承了历史上优秀的道德遗产，最能代表人民群众和广大游客的利益；其次，社会主义旅游业职业道德最能适应和推动社会主义旅游业的发展。

2. 崇高的目的性

社会主义旅游业的职业目的是全心全意为游客服务，既获得经济效益，又获得社会效益和环境效益。不允许不择手段地去获取利润。

3. 广泛的适应性

由于旅游业服务对象、服务内容和服务方式的多样性，决定了旅游业的职业道德同其他行业相比较，应具有广泛的适应性特色。但这种广泛适应性不是无条件的，而是在坚持进步性和崇高目的性基础之上广泛的适应性。

旅游业最直接的从业者是导游员，所以在此重点介绍导游的职业道德规范。

> 提示
>
> 导游的“四不”：
> 不擅自离岗，
> 不嬉笑打闹，
> 不吸烟、酗酒，
> 不占用电话聊天。

二、导游职业道德规范

导游的职业道德规范是导游在其职业活动中应该遵循的、与其职业活动相适应的道德规范以及逐渐形成的道德理念、道德精神和道德品质等，是人们评价和判断导游职业道德行为的标准。

1996年11月20日，国家旅游局决定制定《关于加强旅游行业精神文明建设的意见》，并提出了旅游一线工作人员职业道德规范，至今仍具有行业和职业的约束力。

（一）爱国爱企、自尊自强

这是我国各行各业人员共同的道德规范和基本要求，具有普遍的指导意义。对导游也不例外。它要求导游在其业务工作中有主人翁的意识，要有自尊心和自信心，要勇于开拓、勇于实践、自强不息。

（二）遵纪守法、爱岗敬业

导游应严格遵守国家法规、外事纪律和行业规范，严守国家机密，廉洁奉公，爱岗敬业，自觉以国家利益和集体利益为重，坚决与一切贪污浪费、损公肥私、徇私违法行为做斗争，抵制索取小费，维护旅游业的声誉，促进社会风气的好转。

导游还应该具有强烈的敬业精神，热爱导游工作，真诚热情地为旅游者服务，精力充沛地投入旅游团的接待工作中。导游应该积极发挥自己的聪明才智和主观能动性，不怕吃苦、任劳任怨，出色地完成旅游接待任务，让游客高兴而来，满意而归。

案例

女导游文花枝

在身受重伤时，她将生的希望留给游客，把死的威胁留给了自己。湖南省湘潭市年轻女导游文花枝在危急关头，用自己的行动赢得了人们的敬意。

23岁的文花枝是湖南省湘潭市新天地旅行社的导游。2005年8月28日下午2时35分许，文花枝所带团队乘坐旅游大巴在陕西延安洛川境内发生重大交通事故。文花枝左腿胫骨断裂，骨头外露，腰部以下部位被卡在座位里不能动弹。营救人员迅速赶来，他们想将坐在前排的文花枝抢救出来，她却平静地说："我是导游，后面都是我的游客，请你们先救游客。"由于伤势严重，8月29日，文花枝的左腿从膝盖上被截掉。

当必须做出生死抉择的时候，你会选择生还是死？善良美丽的文花枝，面对生死抉择时，却用自己悲壮的言行再一次为"80后英雄"一词作了诠释。她被顾客称为"最有素质的导游"，被湖南省政府授予"湖南省模范导游员"光荣称号、湖南省优秀共青团员，被国家授予"全国五一劳动奖章"。国家旅游局在2006年1月专门做出了在全行业开展向文花枝同志学习活动的决定。

点评

在文花枝看来，自己只是做了一件很平凡的事情。但在许多人眼里，她那一瞬间的选择，无疑是一个英雄的壮举。她无悔的选择震撼着许多人的心灵……学习“花枝精神”，就是学习她先人后己、勇于牺牲的奉献精神；学习她临危不惧、顽强斗争的坚定意志；学习她积极进取、忠于职守的敬业精神；学习她身处逆境、从容面对的乐观精神。

（三）公私分明、诚实善良

导游在工作中要做到不谋私利、公私分明，对无论是来自游客方面，还是来自其他方面的诱惑，都有较强的自控能力，自觉地抵制各种精神污染。对待游客要坦诚公道，信誉第一。

（四）文明礼貌、优质服务

导游在接待工作中，应当举止端庄、讲话和气、态度和善、服务周到，满足游客的合理要求，急游客之急，想游客所想，让游客感到宾至如归。文明礼貌、亲切服务，是旅游行业义务的集中表现，也是每一个旅游工作者最重要的道德义务。要坚决克服旅游服务中的“冷、硬、顶”、粗心大意、办事拖拉、互相推诿等消极现象。

导游在接待过程中要时刻注意使用礼貌用语，使用礼貌用语的态度一定要诚恳。人的感情通常是通过语言的运用来表达和传递的。因此，导游使用语言必须要态度诚恳，礼貌用语，谦逊文雅。

图 3—22　娴熟的导游服务

（五）热情友好、宾客至上

这是社会主义旅游业职业道德最基本的道德规范，导游在接待过程中，应发扬我国热情好客、礼仪之邦的优良传统，做到微笑服务、文明礼貌、敬语称道，把游客放在首位，一切为游客着想，努力满足游客合理、正当的要求，克服冷淡、粗暴、懒散等违反旅游职业道德的不良行为。

（六）不卑不亢、一视同仁

要求导游在接待中对海内外游客都能够谦虚谨慎、稳重大方、尊重游客、热情接待，尽到自己的职业责任和道德责任。一视同仁，对不同国籍、不同民族、不同肤色的游客，对同一团队中的每一位游客，没有亲疏，均以热情友好的态度相待，同样尊重他们的人格。

（七）团结协作、顾全大局

导游在导游服务中，要切实处理好组团社和接团社的关系，地陪、全陪、其他接待人员、司机之间的关系要融洽；遇有特殊情况、发生安全事故，能够从大局出发，通力协作，迅速妥善地处理，克服本位主义；同民航、铁路、游览参观点之间的联系安排要合理、恰当，不发生推诿责任现象。导游在接待过程中要经常注意游客的情绪，发现不和谐的苗头时，应及时加以调节，使整个旅游团在团结和睦的气氛中顺利度过旅游全过程，留下对旅游活动的美好印象。

（八）钻研业务、提高技能

导游应该具有强烈的进取精神，勤奋好学，不断用各种知识充实自己的头脑。导游不仅要学习书本知识，还要通过实践进行学习和锻炼，将书本知识同实践经验结合起来，提高自己的知识水平和业务能力。另外，导游还应虚心地向他人学习，向同事学习，向旅游者学习。不仅学习他们的成功经验，还要了解他们的失败经验，避免重蹈他人的覆辙。

故事品鉴

小王是××旅行社新招聘的导游，在带团过程中认真负责，但美中不足的是当游客问起问题时总是“不知道”。在进入机场前，一游客问是否要交机场费，小王摸摸后脑勺，答道：“不知道。”

点评

导游是做什么的？能带路，能讲解，远远不够。导游员应是游客的老师，游客的朋友，游客的楷模……所谓老师就要能做到韩愈《师说》中所说的：“传道、授业、解惑。”导游工作是一项与人打交道的工作，中国人、外国人，老年人、年轻人，男人、女人，各种各样的人，会提出各种各样的问题。一问三不知，何谓导游。有人说：“导游，导游，上知天文，下知地理，无所不晓。”又有人说：“在导游的‘词典’里，是找不到‘不’这个词的。”可见，对导游，知识面的要求有多高。当然，导游不可能做到行行通，成为一个全能人物。但多看书，从人家那儿学，不懂就问，使自己具备相当广的知识面，却是导游工作对导游的一项特殊要求。愿我们导游不要做本案例中的小王。

导游的职业道德是导游在其职业活动中应该遵循的，与其职业活动相适应的道德规范及道德观念、道德精神和道德品质等。是人们评价和观察导游员职业行为的标准。凡是符合这些标准的就是好的、美的、善的。人们就会加以肯定和赞扬。一名优秀的导游必须具备良好的职业道德素质。

故事品鉴

国内某家专门接待外国游客的旅行社，有一次在接待来华的意大利游客时准备送每人一件小礼品。于是，该旅行社订购制作了一批纯丝手帕，是在杭州制作的，还是名厂名产，每个手帕上绣着花草图案，十分美观大方。手帕装在特制的纸盒内，盒上又有旅行社社徽，显得是很像样的小礼品。中国丝织品闻名于世，料想定会受到客人的喜欢。

导游带着盒装的纯丝手帕，到机场迎接来自意大利的游客。欢迎词致得热情、得体。在车上他代表旅行社赠送给每位游客两盒包装甚好的手帕，作为礼品。

没想到车上一片哗然，议论纷纷，游客显出很不高兴的样子。特别是一位夫人，大声叫喊，表现极为气愤，还有些伤感。原来，在意大利有这样的习俗，亲朋好友相聚一段时间告别时才送手帕，取意为“擦掉惜别的眼泪”。那位大声叫喊而又气愤的夫人，是因为她所得到的手帕上面还绣着菊花图案。菊花在意大利用于祭奠亡灵。游客哪会不愤怒呢。

点评

本案例告诉我们：旅游接待与交际场合，要了解并尊重外国人的风俗习惯，这样做既对他们表示尊重，也不失礼节。

实 训 项 目

项目名称：模拟导游讲解服务中的活动训练。

实训目标：通过定点导游讲解的训练，让学生深刻体会并能灵活地、有针对性地进行行业服务。

实训学时：2 学时。

实训地点：多媒体教室。

实训情境：以某市海滨广场为讲解景点。一是模拟一个老年旅游团队，让学生练习讲解针对老年团的导游词。注意提醒学生训练时：

1. 在语速、语调上注意要适合老年人，使他们容易接受。

2. 一是在内容的选取上，要以历史变革为主要线索，能够引起老年人的回忆、共鸣。二是模拟一个学生团队，让学生结合自身的特点，练习讲解海滨广场的导游词。注意提醒学生，讲解时注意时尚、前卫和各种刺激性的游乐项目内容的介绍，要引起学生的广泛兴趣。

实训方法：播放海滨广场的影像资料，让学生对照影像进行训练讲解。讲解内容包括场景点内容、特色、周边的交通环境。每位学生 3～5 分钟。用数码摄像机（或数码照相机）记录整个过程，然后用大屏幕回放，学生自我评价，授课教师总结点评学生存在的个性和共性问题。最后评选“最佳讲解员”。

第六节　通信服务业职业道德

概括地说，通信服务业职业道德是指通信从业人员在职业活动中所应遵循的道德规范和应具备的道德品质。这是从事通信服务业的劳动者在长期的工作实践中，履行社会职能逐步形成的，体现通信事业的性质、任务，保证通信服务质量，维护和提高通信部门信誉而共同遵循的行为规范。

通信企业内部有各种不同的工种。每一工种的具体任务、服务方式和作用也不尽相同，即各自工种都有区别于其他工种的特殊性。因此，生产、服务人员和技术、管理人员的职业道德也各有所差别。通信服务业的任务、特点和作用，要求通信职工必须具备高尚的职业道德。

一、通信服务业职业道德特点

通信服务具有行业的特殊性，其职业道德与其他行业的职业道德一样，是社会主义道德的具体化和补充，并且成为社会主义道德规范体系的一个组成部分，同时又具有本行业的特点和针对性。具体表现在：

1. 通信服务的高度集中统一性

所谓集中统一，一方面要求在通信服务中，必须树立整体观念，服从统一指挥调度，反对各自为政，保证通信畅通；另一方面反映了通信员工加强团结协作，加强组织纪律性的必要性。

2. 体现“迅速、准确、安全、方便”的服务方针

“迅速、准确、安全、方便”，是通信的基本特点和工作标准，也反映了社会和人民群众对通信的基本要求。通信服务企业的行为效用就是在于缩短时间和空间距离。时间要求迅速，信息要求准确，传递要求安全，服务要求方便。因此，时限观念、准确观念、安全观念和方便观念，既是通信的服务方针，又是通信职业道德的基本内容，体现行业的特点。

图 3—23　听得到的微笑

3. 行业职业道德与法律纪律相辅相成

通信服务业职业道德与国家法律、通信纪律，既有联系又有区别。它们的共性都是制约人们行为的准则。但是，作为行业的职业道德规范既是员工行为的要求，又是一种精神力量，依靠员工的思想信念、传统习惯、社会舆论和教育力量而起作用。通信服务业职业道德激发通信职工的良知和觉悟，贯穿于心灵深处和行为的始终。它既可防患于未然，也可提高人们的精神境界。它像无声的命令，成为通信从业人员自觉明断是非，辨别好坏，认识荣辱，分清美丑，判断善恶的尺度。

通信服务业职业道德对于精神文明建设、员工队伍建设、维护企业信誉和提高经济效益，具有重要作用。

二、通信服务业职业道德规范

通信服务业职业道德规范，是加强通信服务业员工道德修养，陶冶员工思想情操，调整员工与用户之间、员工与员工之间、员工与企业之间关系的行为准则，充分体现了社会主义道德的基本原则，形成了“敬业、尽责、优质、守纪、协作、为民、文明、廉洁”系统的概括和总结。

1. 敬业

热爱通信事业，忠于本职工作，是通信员工应具备的基本素质，是敬业精神在工作中的具体体现。通信员工只有把做好本职工作，当作为人民群众服务的具体行动，当作为发展通信事业、实现自己远大理想抱负的具体实践，才能以主人翁的姿态，出色地完成各项工作任务，这是通信服务业职业道德最基本的要求。

2. 尽责

通信具有全程全网、联合作业、昼夜不停和分秒必争的特点。它是一个高度集中统一的极其复杂的体系，集运营、服务、营销、管理、创新于一体，如果一个环节出了问题，整个通信就受到了影响，所传递的各种信息就会消失或错漏，这就决定了通信服务业员工不论在任何时候、任何情况下都必须以高度的责任感和使命感，尽心尽力地履行工作职责，坚守通信岗位，确保通信畅通无阻。把职业道德的要求贯彻到每项具体工作中去，传播到每一位员工，促进通信行业文明建设，向社会、向大众全面展示具有行业特色的核心价值观。

3. 优质

通信服务业属于技术密集型企业，只有不断学习新知识，钻研新业务，精通业务技能，才能保证通信质量和服务质量。通信生产是生产和消费同时进行的，若在生产过程中产生了次品、废品，既不能重新加工，又不能削价处理，它造成的不仅仅是一般商品的经济损失，而且还会出现精神、政治损失，出现大量的客户流失，这种损失往往又是无法挽回或弥补的。产生通信服务质量问题的主要原因是由于员工没有树立牢固的质量意识，工作责任心不强，技术业务不精，不严格按各通信工种的操作规程和工作流程进行工作，也有的是对设备机械检修不认真、不按时维护，导致造成设备故障等事故。

4. 守纪

通信部门是国家和社会的重要部门，它担负着党和国家的方针、政策、法令、指示和政治、经济情报传递以及个人之间的通信交往等任务，其中很多涉及社会信息和个人隐私。确保信息的安全决定了通信员工必须具备遵守通信纪律，严守通信秘密的职业品德。守纪要做到：

（1）加强法制观念，坚决依法办事。除依照法律规定和法律程序外，任何组织和任何个人不得以任何理由侵犯用户的通信自由和通信秘密。

（2）遵守通信纪律，严格执行保密制度。

（3）有严格的组织措施，坚决按规章制度办事。

5. 协作

我国的通信网络覆盖全国，整个通信过程需要通过多工种、多工序的紧密衔接，协作配合，共同劳动才能完成。通信企业点多、线长、面广，任何一个环节不协调，都会使通信中断。因此，只有全网团结一致，协调行动才能最大限度地发挥网络的效能，创造最佳的行业效益。

团结、协作是团队精神的表现，具体工作中就是要将互补的技能有效地组合在一起，使企业的绩效得以提升。团结、协作有助于个人的成长。工作人员之间展开协作和交流，相互传授技能和经验，使团队的每个成员有更多的机会承担更大的责任，获得更多的锻炼，取得更大的进步。

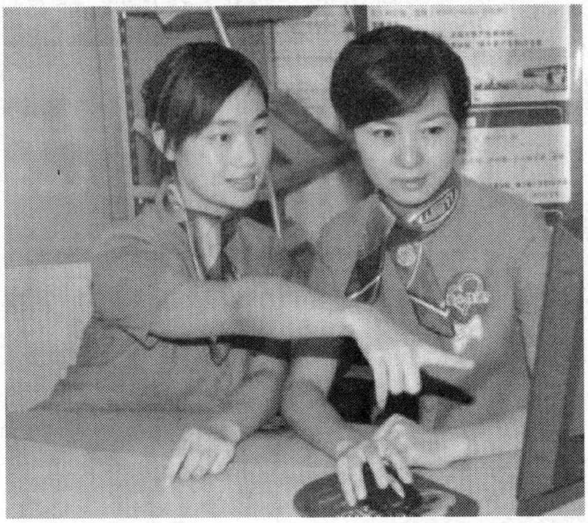

图 3—24　优质服务　协作高效

6. 为民

通信服务的目的是最大限度地满足人民的通信需要。尊重用户、方便用户、满足用户，是通信部门一切生产经营活动的出发点和落脚点。因此，“想用户之所想，急用户之所急，帮用户之所需”，对客户提供热情周到的服务，就成为通信服务业员工必须遵守的基本道德规范之一。

为民服务，创先争优是通信行业行风建设主题工作。从业人员，特别是窗口服务部门，应争创群众满意窗口、争创优秀服务标兵、争创优质服务品牌，全面提升服务能力，增强为民服务意识。

7. 文明

通信企业联通千家万户，文明生产，礼貌服务才能赢得社会的信赖，保证企业在现代行业竞争中提高竞争实力，立于不败之地。

通信行业从业人员的核心价值观蕴含着人们对人生、社会等一系列重大问题的价值共识，对于一个行业而言，只有树立共同的价值追求，才会形成繁荣的行业大格局，对于一个企业而言，只有建立共同的价值目标，才能提供客观、文明服务，才能在激烈的市场竞争中成为最后的胜利者。

8. 廉洁

通信企业服务事无巨细，服务信誉非常重要。只有信誉好，用户才有安全感。因此，在市场竞争日趋激烈的今天，要想在广大客户中树立起可以信赖的企业形象，就必须做到廉洁奉公、诚实守信、讲求信誉。

最近几年，随着通信服务业的蓬勃发展，单就手机业务以数以亿计的数量增加，手机业务投诉数量也急剧增加。分析消费者投诉的原因不难发现，有些就是因为个别从业人员的廉洁、诚信导致消费者的权益受到损害。从一个侧面也反映出我国通信服务业职业道德建设任重道远。

知识链接

国内某通信企业的员工基本行为规范

热爱企业，忠于职守。

善待客户，优质服务。

勤奋工作，尽责高效。

善于学习，创新进取。

团结同事，友爱互助。

尊重他人，谦虚谨慎。

遵守法纪，诚信合规。

恪守公德，热心公益。

职业训练活动——角色扮演

一、活动设计

选定一个职业，分组开展职业训练活动。

二、活动要求

1. 小组一名同学扮演餐厅服务员或营业员，小组其他同学扮演用餐者或购物消费者，演练服务技能。然后再更换角色，循环训练。

2. 活动分享

组织小组无领袖讨论，谈论内容包括活动的体会、得与失、努力的方向。

第四章　践行职业道德　做合格职业人

图 4—1　争做合格职业人

成为一名合格职业人，把职业道德规范内化为自身的行为习惯非常有必要，但是外在的职业道德约束机制、保障措施同样重要。社会舆论、政策制度、法律法规和企业培训等多种形式的外在因素，同样需要从业者在实践中作为参照，在日常生活和工作中从我做起，从小事做起，在社会职业实践中培养职业感情，提升自身的职业幸福感。只有这样，才能真正地践行职业道德，做一名合格职业人。

第一节　职业道德的外在约束机制

职业道德建设与培养有“自律”和“他律”的因素存在。“自律”是行为主体的自我约束，强调的是内在约束力，具有自发性和局限性；“他律”是借助外部力量对行为主体进行监督和约束，强调的是外力，具有强制性和普遍性。在合格职业人养成的过程中，自觉把教育和管理、自律和他律有机结合起来，才能更好地发挥职业道德的综合作用。

职业道德的外在约束机制包括社会舆论、政策制度、法律法规和企业培训等多种形式。

一、社会舆论

故事品鉴

《感动中国》作为中央电视台倾力打造的一个精神文明品牌栏目，以评选出当年度具有震撼人心、令人感动的人物为主打内容，每一个人物身上都有一种让观众感到心灵震撼的精神力量。近几年评选出来的各界、各行典型事迹和人物，代表了社会发展方向、社会价值观取向及时代精神，尤其是个人在生活、家庭、情感上的表现特别感人，体现中华传统美德和良好社会风尚，成为中国媒体引导舆论导向的标杆。《感动中国》也因此被媒体誉为“中国人的年度精神史诗”。

点评

社会舆论作为一种外在的社会性评价力量，对人的个体道德、群体道德和良好的社会道德环境的形成，以及道德约束由他律到自律的转化，对社会道德建设发挥着普遍有效的独特作用。因此，社会应建立正确的道德评价标准和严明的道德赏罚机制，发挥各种舆论力量的导向作用，以强化其外在约束力，促进人类自身完美和社会道德的实现。在经济转型的今天，各种思潮并涌，当全民都在关注、讨论道德现状的时候，我们会发现，无论时代怎么变化，人们对善的向往是不变的，人们心底对美好的渴望是不变的，中华民族的传统美德标尺没有变。《感动中国》彰显了媒体在弘扬时代精神方面的社会舆论力量。

（一）社会舆论的含义

所谓社会舆论，就是针对特定的现实客体，一定范围内的“多数人”基于一定的需要和利益，通过言语、非言语形式公开表达的态度、意见、要求、情绪，通过一定的传播途径，进行交流、碰撞、感染，整合而成的、具有强烈实践意向的表层集合意识，是“多数人”整体知觉和共同意志的外化。事实上，现实社会的任何人物、事件、问题、现象等都可以成为人们、社会议论的对象，从而引起舆论。

（二）社会舆论对职业道德行为的约束作用

作为一种具有客观影响力的社会心理因素，社会舆论在现实社会生活尤其是在思想道德建设中，具有如下重要的积极作用。

1. 舆论约束有助于良好职业行为规范的确立

首先，舆论是一种拥有“多数意见”的权威，并具有“公正”色彩，从而能够对社会成员行为发生重要影响的社会力量。正因为内心深处存在“动机斗争”，个体在行为方向的确立上，往往自觉不自觉地服从所谓“公论”，即多数人的意见。比如由于“三鹿奶粉”事件，在社会公众心目中留下的负面舆论就是怀疑所有国产奶制品企业都是黑心企业，进而对国产奶制品的消费信心下降。

其次，舆论中若干带有“恒常性”（变迁较少而较为固定永久）和“能动性”（随着时代变化而改变外在形式，但其内在实质却得以传承）的内容，经由历史的延续和积淀，会形成某种固定化的心理制约力量——风俗，并对社会成员行为产生有力的约束。

一定的社会行为规范，要获得社会成员的普遍认同和遵守，舆论的力量是必不可少的。当下社会，劳动创造财富应当成为社会舆论的共同话题，促进全社会达成共识：知识丰富人生，技能改变命运。鼓舞全社会的劳动预备力量积极就业，成就职业人生。

2. 舆论评价是发挥道德社会控制功能的基本保障

舆论评价可以通过以下表现形式强化职业道德的“他律”作用：一是社会评价，即社会公众对公共人物、公共事务、公共权力机关进行评价；二是道德判决，通过社会舆论法庭影响其社会形象；三是意见制裁与交往制裁，社会舆论通过强大的舆论声势操纵人们的意识来实现道德判决。这种力量优势对弱势群体具有有效的保护作用。

正义的声音让“老赖”无处藏身

“老赖”在中国已经成了专有名词，专指欠了别人钱迟迟不还的人。提起“老赖”，广大的务工人员“恨之入骨”。因为“老赖”有故意拖延履行债务的恶意，给诚实的劳动者带来伤害和损失。可喜的是，目前在社会舆论的强大攻势下，我国的公安、司法、银行、工商、国土、建设、税务、电信、航空甚至媒体等部门实行联动，正在构建一个诚信评估的照妖镜，让大、小“老赖”无处藏身，望而却步。日前，最高人民法院下发《关于限制被执行人高消费的若干规定》，对“老赖”实行九条具体的高消费禁令。企业如配合“老赖”消费，罚款最高可达 30 万。重拳之下“老赖”还能赖多久？

点评

从某种意义上说，“老赖”是社会转型阶段的一种社会现象，是对国家法律、诚信机制和公正舆论的挑战。“老赖现象”为经济社会痼疾，缘于社会肌体的某些免疫机能——诚信体系和法制观念的缺失。要根治“老赖”顽症，还必须做到标本兼治。社会舆论形成强大的正义声音，震慑“老赖”，让“老赖”成为过街老鼠，人人喊打，以保障广大劳动者的合法权益。

现代社会，许多劳动者也会通过网络、手机等途径表达自己的观点和看法，自觉或不自觉地参与到社会舆论的洪流中去。此时的舆论评价必须符合法律和道德规范，避免虚拟舆论空间的语言暴力，杜绝煽动舆情，传播虚假信息以及进行不明真相的人身攻击。从某种意义上讲，社会舆论也是双刃剑，劳动者要善于利用这把剑，既要保护自己，又不能侵害到他人和社会的利益。

二、政策制度

知识链接

餐厅服务和外卖食品的卫生要求

1. 餐厅店堂应当保持整洁，在餐具摆台后或有顾客就餐时不得清扫地面，餐具摆台超过当次就餐时间尚未使用的应当回收保洁。

2. 当发现或被顾客告知所提供的食品确有感官性状异常或可疑变质时，餐厅服务人员应当立即撤换该食品，并同时告知有关备餐人员。备餐人员应当立即检查被撤换的食品和同类食品，做出相应处理，确保供餐的安全卫生。

3. 销售直接入口食品时，应当使用专用工具分拣传递食品。专用工具应当定位放置，货物分开，防止污染。

4. 供顾客自取的调味料，应当符合相应食品卫生标准的要求。

5. 外卖食品的包装、运输应当符合有关卫生要求，并注明制作时间和保质期限。禁止销售和配送超过保质期限或腐败变质的食品。

点评

伴随社会发展，政府的职能也在与时俱进，并通过相应的政策制度规范行业、职业行为。因此，政策制度对职业道德规范的形成是重要的外在约束作用之一。餐饮服务关系着人们一日三餐的卫生、可口和健康。专项制度和要求具有明确的规范性和制度性，需要广大餐饮行业的创业者和服务者认真学习，实践体会并遵照执行。

（一）政策制度的含义

政策是指国家政权机关、政党组织和其他社会政治集团为了实现自己所代表的阶级、阶层的利益与意志，以权威形式标准化地规定在一定的历史时期内，应该达到的奋斗目标、遵循的行动原则、完成的明确任务、实行的工作方式、采取的一般步骤和具体措施。

制度是社会科学里面的概念。用社会科学的角度来理解，制度泛指以规则或运作模式，规范个体行动的一种社会结构。这些规则蕴含着社会的价值，其运行彰显一个社会的秩序。制度建设的存在，都会带有价值判断在里面，从而规范、影响建制内人们的行为。

> **提示**
>
> **政策和制度**
>
> 政策是方向，制度是规则；制度的内容主要来自于政策。组织的运行通常是先定政策，然后实施，检视政策效果后，就把政策形成制度。

社会发展和社会劳动离不开社会政策和制度，例如大家比较关心的社会保障制度。社会保障制度是在政府的管理之下，以国家为主体，依据一定的法律和规定，通过国民收入的再分配，以社会保障基金为依托，对公民在暂时或者永久性失去劳动能力以及由于各种原因生活发生困难时给予物质帮助，用以保障居民的最基本的生活需要。社会保障制度是通过集体投保、个人投保、国家资助、强制储蓄的办法筹集资金，国家对生活水平达不到最低标准者实行救助，对暂时或永久失去劳动能力的人提供基本生活保障，逐步增进全体社会成员的物质和文化福利，保持社会安定，促进经济增长和社会进步。

就业后，劳动者要积极参与到社会保障体系内，保障我们的工作和生活无后顾之忧。

（二）政策制度对职业道德行为的约束作用

政策制度是职业道德的外在约束机制，对职业道德的养成产生重要影响。人的职业生涯离不开政策制度，从入职、培训、晋升、调动、离职、退休等职业经历，都会受政策制度的约束和控制。个体的职业行为必须与政策制度保持一致才能顺利进行。

例如：会计法律制度与会计职业道德修养的关系中，会计法律制度是会计职业道德正常运行的社会基础和思想基础；会计职业道德则是促进会计法律制度形成和遵守的重要保障，两者缺一不可。在实践中，必须把法治和德治结合起来，“德”“法”并重，才能更有效地发挥会计人员在法律制度下进行会计核算与财务行为的作用。

违反政策制度，会受到不同程度的惩罚或批评。

例如：会计行业协会规定，注册会计师在执业过程中，如果发生向客户或通过客户获取业务收费之外的任何收益，或采用强迫、欺诈、利诱等方式招揽业务等违反职业道德的行为，都将会受到公开谴责。有关政策制度不仅规范了注册会计师职业道德行为，提高注册会计师职业道德水准，同时维护广大投资者合法权益，对促进行业的健康发展发挥积极作用。

三、法律法规

知识链接

我国宪法规定公民基本义务的内容

1. 公民对国家履行的义务：维护国家统一和全国各民族团结，保守国家秘密；维护祖国的安全、荣誉和利益；依法服兵役和参加民兵组织；依法纳税等。

2. 公民对社会履行的义务：爱护公共财物，遵守劳动纪律，遵守公共秩序，遵守社会公德等。

3. 公民对家庭履行的义务：夫妻双方实行计划生育、父母抚养教育未成年人子女、成年子女赡养父母等。

点评

作为公民，知法、懂法、用法、守法是公民必备的法律素养。宪法规定公民的义务中公民对社会和家庭履行的这些义务与国家的利益是一致的，因此这些义务也是对国家履行义务。

（一）法律法规的含义

法律法规，指我国现行有效的法律、行政法规、司法解释、地方法规、地方规章、部门规章及其他规范性文件以及对于该等法律法规的不时修改和补充。其中，法律有广义、狭义两种理解。广义上讲，法律泛指一切规范性文件；狭义上讲，仅指全国人大及其常委会制定的规范性文件。在与法规等一起谈时，法律是指狭义上的法律。法规则主要指行政法规、地方性法规、民族自治法规及经济特区法规等。

有的劳动者认为法律和自己的生活没有关系，这是大错特错的。我国劳动法律规定，劳动者所从事的社会职业必须是有一定的劳动报酬或经营收入，并且能够用以维持劳动者本人及其赡养一定的家庭人口的基本生活需要。同时更明确地规定：劳动者必须从事法律允许的有益于国家和社会的某种社会职业。可以说法律法规对所有的劳动者来说休戚相关。

（二）法律法规对职业道德行为的约束作用

1. 法律具有明示作用

法律的明示作用主要是以法律条文的形式明确告知人们，什么是可以做的，什么是不可以做的，哪些行为是合法的，哪些行为是非法的，违法者将要受到怎样的制裁等。用法律和制度的刚性约束来支撑道德的软性约束起作用。法律具有明示作用是知法和守法的基本前提。广大劳动者首先要学法、懂法，自觉守法，依法劳动，以实际行动培养职业情感，维护职业的尊严和法律的尊严。

2. 法律具有预防作用

法律的预防作用主要是通过法律的明示作用和执法的效力以及对违法的行为进行惩治力度的大小来实现的。法律的明示作用可以使人们知晓法律而明辨是非，即在人们的日常行为中，什么是可以做的，什么是绝对禁止的，触犯了法律应受到的法律制裁是什么，违法后能不能变通，变通的可能性有多少等。这样人们在日常的具体活动中，可根据法律的规定来自觉地调节和控制自己的思想和行为，从而达到有效避免违法和犯罪现象发生的目的。严格、及时、有效地执法也可以警示人们，违法必受罚，受罚不可变通。这样在每一个人的心底建立起一道坚不可摧的思想行为防线。只有这样才能做到有令必行，有禁必止，收到欲方则方，欲圆则圆的良好规范效果。

> **提示**
>
> **法律与道德**
>
> 法律是传播道德的有效手段；道德是法律的评价标准和推动力量，是法律的有益补充；道德和法律在某些情况下会相互转化。

3. 法律的校正作用

法律的校正作用也称之为法律的规范作用，主要是通过法律的强制执行力来校正社会行为中出现的一些偏离了法律轨道的不法行为，使之回到正常的法律轨道。对违法犯罪分子进行强制性的法律改造，使其违法行为得到校正。

4. 法律具有扭转社会风气，净化人们心灵，净化社会环境的社会性效益

法律可以理顺、改善和稳定人们之间的社会关系，提高整个社会运行的效率和文明程度。一个真正的法制社会是一个高度秩序，高度稳定，高度效率，高度文明的社会。这也是法制的最终目的和最根本性的作用。

常言道，徒法不足以自行。尽管法律是一种必不可少的社会生活制度，但它像人类创建的大多数制度一样也存在某些弊端。这些弊端与法的含义、特征相联系，是其本身固有的弱点。要知道，法并不是调整社会关系的唯一方法，法也不可避免存在一些漏洞。只有全面认识到法律的作用及其局限性，才算真正认识了法律。

故事品鉴

维权过度可能从维权者变成违法者

务工的老刘因企业拖欠加班费，多次协调未果，老刘大为光火，一气之下约几个老乡把经理围堵到办公室，谩骂、推搡，还砸了办公室里的用品。以为事情闹大了就好解决了。结果企业报警，老刘反以破坏企业资产和限制人身自由等原因被提起诉讼。

点评

在目前的就业市场，劳动者一般处于弱势地位，遇到企业不公平、不合法的现象，进行维权理所应当，也很有必要。但也有一些劳动者为了保护自身权益而采取过激措施导致维权过度，有可能把自己从维权者变成违法者。因此，劳动者维权也要有风险意识，要找可靠的代理人，如到法律援助中心寻求免费帮助。维权要相信政府、相信法律。杜绝限制人身自由、恐吓、威胁等行为，莫让维权变成违法。

四、企业培训

故事品鉴

海尔集团从始至今一直贯穿“以人为本”提高人员素质的培训思路，建立起一个能够充分激发员工活力的人才培训机制，最大限度地激发每个人的活力，充分开发利用人力资源，从而使企业保持了高速稳定发展。

海尔价值观培训工作的原则是“干什么学什么，缺什么补什么，急用先学，立竿见影”。在此前提下首先是价值观的培训，“什么是对的，什么是错的，什么该干，什么不该干”，这是每个员工在工作中必须首先明确的内容，这就是企业文化的内容。对于企业文化的培训，除了通过海尔的新闻机构《海尔人》进行大力宣传以及通过上下灌输、上级的表率作用之外，重要的是由员工互动培训。目前海尔在员工文化培训方面进行了丰富多彩的、形式多样的培训及文化氛围建设，如通过员工的画与话、灯谜、文艺表演、找案例等用员工自己的画、话、人物、案例来诠释海尔理念，从而达成理念上的共识。

为调动各级人员参与培训的积极性，海尔集团将培训工作与激励紧密结合。海尔集团每月对各单位培训效果进行动态考核，划分等级，等级升迁与单位负责人的个人月度考核结合在一起，促使单位负责人关心培训，重视培训。

点评

企业从员工入职开始要进行一贯的企业职业道德培训，向员工输入行业、职业，尤其是企业自身特有的职业道德规范，这种潜移默化的职业道德规范培训是一种企业管理隐性价值，是企业在市场竞争中立于不败之地的有力支撑。

（一）企业培训的含义

企业培训是指企业或针对企业开展的一种提高人员素质、能力、工作绩效和对组织的贡献，而实施的有计划、有系统的培养和训练活动。

企业培训可以加强员工的学习速度，特别是新员工通过培训，可加快学习速度，减轻紧张情绪，更快地适应工作，使员工掌握正确的工作方法，避免差错，提高工作质量与服务质量，减少耗费，提高劳动效率，进而提高员工的信心和安全感，提高对企业的向心力和凝聚力，减少员工流失和离职率。企业培训的目标还在于使得员工的知识、技能、工作方法、工作态度以及工作的价值观得到改善和提高，从而发挥出最大的潜力提高个人和企业的业绩，推动企业和个人的不断进步，实现企业和个人的双重发展。

参加企业培训是劳动者的权利和义务。而企业职业道德教育是企业培训必须常抓不懈的基础性工作，必须高度重视，这不是加大投资、更新设备等可以替代的，尤其在当前，安全管理压力日益增大的情况下，更要重视职工职业道德培训。

图 4—2　积极参加企业培训

(二) 企业培训对职业道德行为的约束作用

企业培训是企业持续发展的力量源泉，它能保证企业在日益激烈的人才争夺中不至于败下阵来；企业培训是解决问题的有效途径，能够改变员工的某些不适当的工作表现及行为；企业培训是满足企业和员工双方需求的行为，是调动员工积极性的有效方法；企业培训是建立优秀企业文化的杠杆，可以强化企业的共同价值观。

职业道德教育是社会道德建设的重要组成部分，是推动企业安全管理的重要力量。切实加强职工职业道德教育，对于提高职工队伍素质，提升企业综合能力，推动形成知荣辱、保安全、促和谐的风尚，具有非常现实的意义。

职工职业道德的共同要求是忠于职守，努力做好本职工作。当从业人员把相应的职业道德要求转变为自己的职业道德信念和职业责任，形成高度的思想觉悟和精神境界时，就能够正确处理个人、职业和社会之间的关系，自觉承担社会责任和义务，充分发挥自己的主动性、积极性和创造性，必然会自觉遵守企业安全管理的基本要求，就会自觉杜绝危害安全的行为。

职工职业道德教育是职工素质培训的基础性工作。职业道德是从业人员在职业活动中应该遵循的行为准则，加强职业道德教育对于促进职业道德准则落实有着积极的影响作用。加强职工职业道德教育，增强职工职业责任感，最大限度地为企业安全健康可持续发展提供道德保障，对于提升企业综合实力，促进企业稳步发展十分有益。

企业职业道德培训可以起到如下作用：

1. 强化提高职工的忠诚、敬业精神以及工作责任心。
2. 了解并理解诚信、敬业精神、责任意识、使命感等内容。
3. 帮助企业职工树立正确的工作心态和工作原则，提高职业素质。

图 4—3　企业培训有利于形成凝聚力

4. 增强企业凝聚力，促使职工遵章守纪，养成自律品质，完善职业操守。

5. 明确职业操守的特质，提高职工对职业理想、职业道德、职业责任的认识。

社会舆论、政策制度、法律法规和企业培训等外部约束机制，能够塑造个体的职业精神和习惯，影响和决定从业者个体职业道德的发展方向。

第二节　践行职业道德　做合格职业人

职业道德的养成，关键还在于内在的修养及日常职业行为，只有真正践行职业道德，才能成为合格的职业人。

一、学习职业道德楷模

故事品鉴

许振超——不论干什么，干就干一流

许振超是青岛港（集团）有限公司职工，从1968年参加工作至今，干一行，爱一行，精一行，靠追求卓越、敬业报国的主人翁意识和开拓进取、求真务实的创业精神，带领自己的团队，创造出了世界一流的集装箱装卸效率。许振超认为，爱岗就要敬业，敬业就要精业，他始终抱定了“争就要争世界第一”的志向，对技术操作精益求精，练出“一钩准”的操作水平和“无声响操作”的绝活儿。许振超非凡的业绩得益于他时刻把学习作为“第一需要”，他坚信“知识改变命运，学习成就未来”，数十年如一日，不论在什么岗位上，他坚持工作需要什么就学习什么，总是带着问题去学习。他说：“一个人可以没有文凭，可以不进大学，却不能没有知识。人要活出质量，就要孜孜不倦地学习，这样才不枉宝贵的一生。”2005年，许振超被评为全国劳动模范。

点评

每个行业和企业都有自己树立的道德楷模。就像材料中的许振超一样，也许他没有很高的文凭，没有令人羡慕的高薪工作，但他爱岗敬业、自强不息，在平凡的岗位上做出非凡的业绩，这是值得我们学习的道德榜样。

（一）职业道德榜样的作用

道德榜样就是具有崇高的道德理想和道德境界，高尚的道德人格和道德品质，巨大的道德魅力和强烈道德吸引力的先进人物。例如，以人民解放和实现共同富裕、社会进步和世界和平为己任，鞠躬尽瘁、死而后已，具有崇高政治道德的政治领袖和人民公仆；德艺双馨、德高望重、具有高尚道德的知识分子和文艺工作者；在平凡岗位上做出非凡成绩，舍小我为大我，位卑未敢忘忧国具有巨大道德人格魅力的劳动者和管理者；在弘扬社会公德和涵养个人私德上彪炳史册的道德力行者等，都是高山仰止的道德榜样。

榜样的力量是无穷的，每个人在成长过程中，都从先进人物身上学到过好思想、好作风，吸收过营养和力量。见贤思齐，学习先进，可以净化人的心灵，丰富人的文化涵养，提高道德素养，提升道德境界。

充分发挥榜样的示范、引导和感召作用，是进行职业道德教育的重要方式，也是提高职业道德修养的有效方法。每个人都有自己尊崇的职业道德榜样，每个行业和企业也都有自己树立的道德楷模。道德榜样以其崇高的道德理想和道德境界、高尚的道德人格和道德品质、巨大的道德魅力，感染人、激励人、召唤人。

（二）学习道德榜样的要求

学习职业道德榜样，首先要善于发现榜样，正确选择榜样。一个好的榜样，是你学习的典范，有助于提高你自身的道德修养，提升道德境界。从每个道德榜样的身上，我们能够积聚精神力量，把对榜样的爱戴和敬佩之情转化为强大的精神动力，克服重重困难，在职业道德困境中做出正确的抉择，从而在自己的本职工作中做出贡献。

故事品鉴

程大子盛情邀请南瑕子吃娃娃鱼，而南瑕子拒绝了，理由是君子不能吃娃娃鱼（古人因为娃娃鱼叫声像娃娃，食之不忍）。

程大子就嘲笑说："你以为你是君子吗？不吃娃娃鱼也不会就成为君子了吧？"

南瑕子回答："自己虽然不是君子，但是要以君子的标准要求自己。因为，你把目标朝上去比较，就会使自己前进，而总是朝下去比，则只会后退。"

点评

君子修身，贵在见贤思齐，见不贤而自省。通过这个故事要学会反思，反思自己在生活中有没有做到"见贤思齐"。

学习职业道德榜样，还要与岗位工作相结合，把学习榜样的愿望转化为实实在在的工作业绩。学习职业道德榜样不能仅仅停留在精神层面，更应将榜样的力量化为实实在在的动力，将榜样作为工作中的标杆，始终以标杆来衡量自己、要求自己，才能在工作中不断取得进步。

案例

第七届中华技能大奖获得者褚霞光

在第七届中华技能大奖和全国技术能手表彰大会上，大庆石油管理局钻探集团测井公司高级技师褚霞光成为20名中华技能大奖获得者之一。在平凡的岗位上通过刻苦学习专业知识，褚霞光取得了不平凡的成绩，成为当代优秀工人的代表。

褚霞光是1973年高中毕业后到大庆油田的，现在测井公司地球物理测井研究与开发中心从事测井仪器机械设计工作，是一名能够独立承担测井仪器和实验装置机械设计的测井高级技师。30多年来，她凭着自尊、自信、自强、自立的信念，利用工作之余自学了大庆石油学院化工与石油机械工程专业的15门课程，使自己的专业理论水平得到了提高。在技术创新的道路上她不懈追求，一次又一次完成了重大科研任务，为测井技术的发展以及大庆油田高产、稳产和持续发展做出了贡献。

从1979年至今，褚霞光共参加了30多项科研项目的研究工作，独立承担、完成了30多套测井仪器和实验装置的机械设计及外协加工，共取得国家发明专利3项、石油天然气总公司科技进步奖1项、大庆石油管理局科技进步奖10项、重大技术革新奖4项，并有两篇论文分获黑龙江省石油测井学会优秀科技论文一、二等奖。为此，褚霞光曾多次获得公司和管理局标兵、有突出贡献的科技工作者、岗位技术能手等荣誉称号。1997年，她被评为中国石油集团技术能手。

想一想

1. 想一想通过哪些方法可以提高自己的职业道德？

2. 在职业道德方面，有没有令你印象深刻的人物？

1991年，褚霞光接受了大庆石油管理局攻三难、过三关的重点科研项目——高分辨率三侧向测井仪的任务。这种仪器机械结构的复杂程度和工艺难度，都居测井仪器的首位。为了早日完成设计，她几乎放弃了休息，经常是方便面加饼干，一干就到深夜。这期间，她绘制了150多张设计图，完成了仪器的设计工作。1992年6月，褚霞光设计的高分辨率三侧向测井仪一次通过了高温高压试验和推靠动作试验，而且推力、角度等各项技术指标均达到设计要求。1993年2月，高分辨率三侧向测井仪通过局级鉴定。专家认为，这种仪器的推靠器结构合理，方案先进，工作可靠，测井成功率达90%以上。这项研究成功是薄层评价的又一新方法，仪器属国内首创。此项成果获1993年大庆市科技进步二等奖和1994年大庆市新技术推广一等奖。该仪器自1994年在油田投入使用后，累计创造产值1.45亿元。

1999年，褚霞光参加了大庆石油管理局重大科研攻关项目——集成饱和度测井仪器的研制工作，并被任命为总体机械结构设计的负责人。内行人都知道集成饱和度测井代表了当今测井技术的先进水平，设计起点和技术含量都很高，仅总体机械结构设计一项就要包含十几种测井方法、20多条测井曲线和常规测井的大部分仪器。作为初次进行集成仪器的机械设计加工和现场试验的大庆测井公司，对设计施工提出了非常严格的要求：仪器的机械结构部分不但要满足高温高压、绝缘、密封、耐酸碱腐蚀、防磁等材料性能要求，还要满足抗拉、抗压、弯曲等综合机械强度及刚度要求。对此，褚霞光感到压力很大。为了完成好工作，她抓紧一切时间学习，借鉴国内外测井仪器的先进结构，大胆进行自己的设计。

为了这个创新项目，褚霞光付出了4年心血。她与徒弟一起设计绘图几百张，编写了总体机械设计报告和强度计算报告。经现场试验，该仪器的各项机械性能指标均达到了设计要求。2003年年底，集成饱和度测井仪器的研制项目通过了局级鉴定。2004年4月，这项成果获得了大庆石油管理局科学技术进步一等奖，其中仪器的绝缘短节和六位参数测井仪的设计获得了国家实用新型发明专利。

通过努力，褚霞光的专业知识和设计能力不断提高，成为测井公司科技创新方面的带头人。近期，测井公司又把中国石油集团公司级科研项目“井壁侧向与密度集成仪器研制”和局级重大科研项目“复电阻率测井方法研究”的机械设计工作交给了她。

褚霞光的努力和付出得到了社会的肯定，她也获得了极高的荣誉。2004年8月，褚霞光作为中国石油集团唯一的高技能人才代表，参加了中央组织部组织的北戴河暑期专家休假活动，受到党和国家领导人的亲切接见。褚霞光用自己的亲身实践证明：只要努力，技能工人一样可以大有作为。

二、养成良好的职业道德习惯

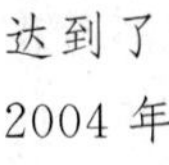

故事品鉴

勿以恶小而为之

今年17岁的刘某是某中等职业学校的学生，父亲开饭店，母亲做小生意，家庭经济状况很好。爷爷是个建筑工人，平时溺爱刘某，经常给他很多零花钱，使他养成了大手大脚花钱的习惯。爷爷去世后，李某觉得父母给的钱不够用了，就养成了小偷小摸的坏习惯。一日刘某看到邻居刚领了工资回家，遂动了贼心。深夜时分，他怀揣着小铁锤潜入邻居家，但被邻居发现，赶紧跑回了自己家。回家后，他越想越觉得窝囊，他既害怕被认出来，又觉得没偷到钱很亏，于是恶从胆边生，再次潜入邻居家，将邻居老夫妇杀死，并偷走了 3 000 多元钱和几张存折。最终，等待刘某的将是漫漫铁窗生活。

想一想

当我们为自己树立了一个榜样之后，是不是我们的行为会自然而然地规范起来？是不是我们就一定会在工作中取得成就？

点评

勿以恶小而为之，勿以善小而不为。树立良好职业道德，形成良好职业道德规范要时刻从小事做起。滴水穿石，小善可以累积大成功。

恪守职业道德规范

“勿以恶小而为之，勿以善小而不为”“积沙成塔”“集腋成裘”。这些古语告诉我们一个最简单的道理：养成良好的职业道德习惯要从小事做起，要克服眼高手低，以高度负责的态度，恪尽职守。因为把每一件简单的事情做好就是不简单，把每一件平凡的事情做好就是不平凡，在职业活动中不要拒绝小事情，大事情是由小事情积成的。良好的职业道德行为习惯是一个循序渐进的过程。

1. 从小事做起，涵养职业道德

道德学习和修养，必须立足岗位，脚踏实地，从我做起，从现在做起；从点滴小事做起，把每一个细节做好。可是，在实际工作中会经常看到，有人迟到了，有人在工作期间接打私人电话，有人把用完的工具随手乱放，有人每天工作还没完成就焦急地等待下班的那一刻等，这些虽然是小事，却能折射出一个人的道德水平。所谓积久成习，良好道德行为习惯的养成是一个循序渐进的过程。我们在日常生活和工作中，要重视每一件小事，每一个细节，在做好每件小事的同时，逐步养成好的行为习惯。“千里之行，始于足下”“机遇只偏爱那些有准备的头脑”，这些都说明了没有平日的积累，纵然有最好的命运降临到他头上，他也只能手足无措地眼望它擦肩而过，那将是多么遗憾的事情。所以我们必须先会“扫屋”，分清楚应先扫地还是先洒水，抑或是先拖地板；这样，在“扫天下”时，你才会知道哪些是应该马上解决的，哪些事可以暂缓，甚至放弃。

2. 躬行践履，养成职业习惯

每一种职业，都对其从业人员的职业道德和职业行为提出了特定的要求。因此，求职、从业，劳动者应根据自己的兴趣、爱好、职业方向，接受相应的职业道德和职业行为训练，形成良好的职业行为习惯。同时坚持高标准，严要求，勤反思，持之以恒。

实践是职业道德修养的根本途径。我们要注意在实践中培养良好的职业道德品质，形成良好的职业道德和职业行为习惯。躬行践履，积极行动大多存在于良好的习惯中，一个良好习惯的养成总是在不断克服不良习惯的过程中形成的。养成良好的职业道德和职业行为习惯，既离不开在校时的专业训练，更离不开工作后在实际岗位上的正规强化训练。一个坏习惯不会一下子就能改掉，同样，一个好的习惯也不是一蹴而就能培养起来的。其间要严格要求自己，不断反思自己的得失，做到不放松，坚持到底，最终才能培养起良好的职业道德和职业行为习惯。

故事品鉴

一家要求很高的跨国公司招聘员工，一些学历水平、身高相貌等客观条件都很不错的年轻人，过五关斩六将，进入面试环节。可是，未曾想到，没能提问，没有出题，短短10分钟，他们都失败了。原来总经理借故离开了5分钟，这些年轻人便得意非凡，围着总经理的大写字台，看看这个材料，翻翻那个材料。5分钟后，总经理回来了，他宣布："面试结束。"

大家很纳闷，总经理解释说："很遗憾，你们没有一个被录取，因为公司从来不录取那些乱翻东西的人。"

这些年轻人听了觉得很是惊讶："我们长这么大，从没觉得乱翻别人的东西是多大的错，有这么严重！"

点评

好的习惯能为你插上成功的翅膀，不经意间，助你一臂之力；而一个坏习惯也会让你从悬崖上重重地摔下。细节决定命运，细节决定成败，细节决定人生的走向。习惯同样决定命运。播下一个行动，收获一种习惯；播下一种习惯，收获一种性格；播下一种性格，收获一种命运。

三、在职业实践中践行职业道德

故事品鉴

感动中国的青年志愿者——丛飞

丛飞，2004 年第五届“中国百名优秀青年志愿者”，2005 年“中国青年志愿服务金奖”获得者，2005 年“感动中国”年度人物。

丛飞有很多身份，比如小品演员、歌手、义工、深圳义工联艺术团团长、爱心大使。他是深圳著名歌手，每场演出费高达万元，家里却一贫如洗；他只有一个女儿，却是 178 名贫困孩子的“代理爸爸”；10 年间，他参加义演 400 多场，捐赠钱物近 300 万元，但身患重病后却连医药费都无法负担。

1994 年，一次到四川的慰问演出中，丛飞遇到了一群因贫困而无法上学的孩子，孩子们渴求知识的眼光深深地刺痛了他，他当场捐出了身上的 2 400 多元钱。也就是从那时起，丛飞开始将演出收入大部分用于助学、助残、救灾等慈善事业。十多年来，他资助失学儿童和残疾人达 140 人，捐赠钱物近 300 万元，帮助几十名学生完成初中、高中及大学学业。

2003 年 5 月，他两次深入抗击“非典”一线，为小汤山、佑安等 21 家医院的医护人员义演 8 场。他每年不畏艰险到边（海）防慰问部队，并多次走进厂矿、油田、学校、养老院、残疾人福利院、社区等基层演出。他以人间的大爱作支点，直到生命的尽头。

点评

社会实践是职业道德行为养成的根本途径。离开社会实践，从业人员无法深刻领会职业道德的内涵，也无法将职业道德品质和专业技能转化为造福人民、奉献社会的实际行动。“好人丛飞”是全社会给予丛飞的最朴实、最真切的评价，他的道德力量是职业人的精神动力之一。

（一）参与职业实践，培养职业感情

就业是参与职业实践的第一步。迈出职业人生的关键一步后，要体验职业人生，培养职业感情。劳动者的职业感情是在专业学习，特别是在职业活动中形成的。对于职业技能的学习通常是在课堂和实验室进行的，因此对职业了解很少。参加实践活动

对接触社会较少的预备劳动力有很大的实际意义。通过参加实践活动，能达到认识职业、走进职业、训练职业和培养职业感情的目的。相关部门及社团组织的“便民服务”“青年志愿者”等活动，应积极参加。作为预备制劳动力的其他人员，也应积极在社会实践活动中，培养职业感情，仅仅把职业看作是谋生手段不利于自身的情绪管理，容易产生消极怠工现象，兴趣和爱好都是在点点滴滴的实践中积累而成。要培养自身的职业幸福感，做一名阳光、快乐的职业人。

想一想

联系自身实际，你怎样做到在实践中强化职业道德？

（二）学做结合，知行统一

学做结合，知行统一，是中国传统道德理论的重要思想。“知”就是所学，是在职业活动中经过总结经验教训而获得的正确认识。“行”就是实践，是人们改造客观世界的一切活动。职业人要在实践中切实践行职业道德，做到知行统一，也就是要把所学和所做结合起来，从不会到会，从不熟练到熟练，把学到的职业道德知识和职业道德规范运用到实践中去，以正确的职业道德观念指导自己的实践。干一行，爱一行。

（三）坚定信念，做合格职业人

劳动和奉献是快乐的，也是艰辛的。它不仅需要劳动者的耐力、毅力，更需要劳动者坚定的信仰和职业信念。今天的企业所提供的岗位都不是单一的职能，而是需要每一个劳动者融入企业大家庭中去，与企业拥有共同的信念，专注岗位、尽职尽责、爱岗敬业、做专做实，弘扬企业文化。在劳动中成就一个强有力的集体。

同时，随着企业的不断发展，社会分工会越来越细，每一个劳动者要有信心成为自己所从事工作的专家里手，既要专于岗位发展，又要了解周边的工作情况，发挥团结协作的精神，与同事和谐相处，与企业共同成长进步。

由于人性的弱点，人很容易高估自己，滋生浮躁。就业了，工作上做出一点成绩，沾沾自喜，其实这只是职业成长的一小步。通过学习和培训，准备就业的所有人都应摒弃“小富即安”“小步渐止”的错误思想。要加快学习科学知识，优化自身的知识结构，树立危机感、紧迫感、责任感。要不断加强自我修炼，提升职业化技能，适应新的企业运作模式，保持耐心，坚定信念，坚定目标，就一定能成为职场上合格的职业人。

参加劳动预备制培训是职业人生的第一课，也是迈向职业人生的第一步。未来的职业道路还很长，我们要树立终身学习的观念，知无涯，学无境。在学习过程中获得职业知识、职业道德理念，在职业实践中践行职业道德，为职业人生的成长与发展铺就坚实的基础。

心若改变——你的态度跟着改变；

态度改变——你的习惯跟着改变；

习惯改变——你的性格跟着改变；

性格改变——你的人生跟着改变。

只要我们坚持，都能从工作中挖掘到财富，找到职业的乐趣，实现职业人生的价值。

训练活动设计——辩论赛

一、辩论主题：我为人人，人人为我

1. 正方观点：我为人人，人人为我。

2. 反方观点：人人为我，我为人人。

二、活动要求

1. 双方各派出4名选手分别作为一辩、二辩、三辩和四辩陈述和总结。

2. 根据对方的观点和陈述提出意见，佐证己方观点。

三、评分规则

以综合仪表举止、辩论逻辑、辩论技巧、辩论深度、辩论语言和整体配合等分阶段评分，最后综合分数。

（一）团体分，共100分

1. 按辩论阶段评分（计80分），陈词：10分；攻辩：15分；自由辩论：35分；总结陈词：20分。

2. 综合印象分（计20分），语言风度：5分；团体配合、临场反应：15分。

3. 扣分标准，幅度为0～10分。

凡在辩论赛过程中出现违反比赛规则的情况，按下列幅度适当扣分。

陈词：0～5分；攻辩0～10分。

（二）辩手个人得分，总计100分

每场比赛的优秀辩手由得分最高者获得。

语言表达：20分；整体意识：20分；逻辑推理：20分；

辩驳能力：20分；综合印象：20分。